工程管理年刊 2014

中国建筑学会工程管理研究分会
《工程管理年刊》编委会 编

中国建筑工业出版社

图书在版编目（CIP）数据

工程管理年刊 2014/中国建筑学会工程管理研究分会、《工程管理年刊》编委会编. —北京：中国建筑工业出版社，2014.8

ISBN 978-7-112-17127-9

Ⅰ.①工… Ⅱ.①中… ②工… Ⅲ.①建筑工程-工程管理-中国-2014-年刊 Ⅳ.①TU71-54

中国版本图书馆 CIP 数据核字（2014）第 166489 号

责任编辑：赵晓菲
责任校对：李美娜 关 健

工程管理年刊 2014

中国建筑学会工程管理研究分会
《工程管理年刊》编委会 编

*

中国建筑工业出版社出版、发行(北京西郊百万庄)
各地新华书店、建筑书店经销
北京红光制版公司制版
北京富生印刷厂印刷

*

开本：880×1230毫米 1/16 印张：11 字数：308千字
2014年8月第一版 · 2014年8月第一次印刷
定价：**36.00**元
ISBN 978-7-112-17127-9
(25910)

《工程管理年刊》编委会

编委会主任：丁烈云

编委会委员：（按姓氏笔画排序）

前　言

　　随着计算机、网络、通讯等技术的发展，信息技术在工程建设领域的发展突飞猛进。其中以BIM为代表的技术，成为从20世纪60年代开始的各类信息技术努力的集大成者。建筑信息模型（BIM）可以从Building、Information、Model三个方面去解释。Building代表的是BIM的行业属性，BIM服务的对象主要是建设行业；Information是BIM的灵魂，BIM的核心是创建建设产品的数字化设计信息，基于此能为工程实施的各个阶段、各个参与方的建设活动提供各种与建设产品相关的信息，包括几何信息、物理信息、功能信息、价格信息等；Model是BIM的信息创建和存储形式，BIM中的信息是以数字模型的形式创建和存储的，具有三维、数字化、面向对象等特征。

　　正如信息技术深刻改变着其他传统产业的生产方式一样，BIM技术正改变着当前工程建设与管理的模式。以BIM为代表的信息技术推动工程建造模式转向以全面数字化为特征的数字建造模式。BIM技术对工程建造过程的支持体现为下面两个重要方面：一方面，BIM技术降低了工程建造各阶段的信息损失，成为解决信息孤岛问题的重要支撑。事实上，BIM本身就是一个集成了建造、施工过程中的各个阶段、各个参与主体、各个业务系统的集成化技术。BIM可以理解为一个连接各个信息孤岛之间的桥梁，从根本上解决建筑生命期各阶段和各专业系统间的信息断层难题。另一方面，BIM技术成为支撑工程施工中的深化设计、预制加工、安装等主要环节的关键技术。越来越多的工程项目开始采用BIM技术，并在工程实践中取得了显著的效果。

　　从工程项目全寿命周期的角度，BIM技术也日益显示出巨大的价值。传统方式下，设计、施工、运营各阶段"抛过墙"式的信息传递已不能适应当前工程建设与管理的发展要求。BIM自身具有的信息集成的特性使得工程项目各阶段能够共享信息，创造出更多、更高效的工程应用，服务于各参与方，满足更加智慧、绿色的建筑需要。

　　在工程建设与管理实践中，以BIM为代表的信息技术方兴未艾，无论是从事管理、技术还是教育、科研的业界人士都应重视新技术对传统产业带来的深刻变化。中国建筑学会工程管理研究分会以提高我国建筑业的科学管理水平作为宗旨，自成立以来就始终面向工程管理前沿问题，致力于为工程管理专业领域从事生产、科研、教学的单位和个人打造沟通、交流的平台。自2003年以来，工程管理研究分会每年组织一次学术年会，出版一本论文集（2011年起创办《工程管理年刊》）。这"一会一刊"，目前已经成为我国最具影响力的工程管理专业学术会议和刊物之一，为广大与会人士提供了具有广泛影响的学术论坛和发表最新学术成果、获取学科前沿信息的良好机会，为推动我国建筑业管理水平的提高作出了贡献。

　　工程管理研究分会将紧跟科学发展的步伐，跟踪工程建设、管理前沿问题，特别将"BIM：工程管理的变革与创新"确定为今年《工程管理年刊》的主题，希望能够对推动信息技术在工程建设与管理领域的研究和应用发挥应有的作用。

目 录

Contents

专业书架

前沿动态

Frontier & Trend

2002～2012 年 BIM 领域研究现状与演化趋势分析

王广斌　杨　洋　聂　珂　范美燕　沈慧敏

（同济大学经济与管理学院，上海 200092）

【摘　要】 BIM 技术被公认为是解决建筑业生产效率低下问题的有效措施之一。BIM 相关研究已引起学术界的广泛兴趣，主题广泛但缺乏系统梳理。以 SCI 数据库及 ITCon、CME 两本期刊中 2002～2012 年收录或发表的 317 篇 BIM 相关文献为研究对象，运用引文网络分析、共词分析等文献计量学分析方法，分析了 BIM 研究的地区分布、进展状况、经典文献、流派构成、研究热点以及未来趋势等，对 BIM 领域的理论研究及应用实践均具有重要意义。

【关键词】 BIM；文献计量学；引文分析；共词分析；演化趋势

Analysis of Research Status and Evolution Trend in BIM Field from 2002 to 2012

Wang Guangbin　Yang Yang　Nie Ke　Fan Meiyan　Shen Huimin

（School of Economic and Management，Tongji University，Shanghai 200092）

【Abstract】 BIM has been recognized as one of the effective measures to improve the productivity in AEC industry and became the focus of researchers. But it has a wide range of topics and lack of systematic carding. Taking the 317 BIM-related papers retrieved from SCI database and another two international journals ITCon and CME as data source，this paper used the bibliometrics methods including citation network analysis and co-word analysis to analyze the regional distribution，progress，classic literatures，communities，hotspots and future trends of BIM-related research. And it will be of great significance to the theory research and practical applications in BIM field.

【Key Words】 BIM；bibliometrics；citation analysis；co-word analysis；evolution trend

1 引言

与制造业、航空航天业、汽车行业等传统工业相比，建筑业一直被认为是科技水平不高、生产效率低下的行业。行业利益干系人的多元化和各自为利、建设流程的复杂和不连续性、信息知识管理的低效率、新兴技术采纳的相对滞后，以及创新扩散速率的低下等问题是一直以来阻碍建筑业发展的主

基金项目：国家自然科学基金（71272046）。

要原因[1~3]。目前，建筑行业正处于技术和制度变革的过渡时期，而实现变革的重要工具之一即是信息技术的应用[4]。BIM(Building Information Modeling)已经被广泛接受，并被公认为是有效解决这一问题的工具，如美国国家科学院(The National Academies)提出 BIM 这一互操作技术的广泛应用是解决建筑业上述问题的五个有效措施之一[2]。

BIM 这一概念于 2002 年被正式提出[5]，尽管近十年来与 BIM 相关的研究得到了高度重视并快速发展，但由于其产生时间较短，而涵盖的主体、内容和方法又非常广泛，目前的研究成果在研究视角、概念界定、方法应用、研究主题等方面普遍存在明显的差异。从学科发展的角度看，如果能够对本领域已有的研究成果进行全面整理，对相关研究主题、方法、视角进行归纳分类，并对其中具有重要贡献的关键节点文献进行总结，将对把握未来研究方向、提升本学科的研究质量具有重要的意义。针对这一目标，本文引入文献计量学方法，结合对经典文献的内容分析，对 2002~2012 年主流期刊中 BIM 相关研究成果进行系统的研究综述。

2 BIM 研究的兴起与发展

关于 BIM 的概念，目前认可度较高的是由美国国家 BIM 标准(NBIMS)所提出，即 BIM 是对设施物理和功能性特征的一种数字化表征；是一个共享的知识资源，是一个分享有关这个设施的信息，为该设施从概念到拆除的全生命周期中的所有决策提供可靠依据的过程；在项目的不同阶段，不同利益相关干系方通过在 BIM 中插入、提取、更新和修改信息，以支持和反映其各自职责的协同作业[6]。1975 年，Chuck Eastman 教授在 AIA Journal 上发表的文章中首次提出了"Building Description System"的工作原型[7]。这是目前有记载的、公认的最早关于 BIM 概念的描述。

20 世纪 80 年代，随着对 BIM 概念的进一步认识，研究逐步开始讨论相关实施技术，包括三维建模、自动成图、智能参数化组件、关系数据库、实施施工进度计划模拟等。20 世纪 90 年代，BIM 研究的发展在全球范围得到广泛的认可，1992 年

出现了最早的英文版本"Building Information Model"一词，由 G. A van Nederveen 和 F. Tolman 在论文中提出[8]。此时，数据交互的问题已经被提出，1996 年，IAI(Industry Alliance for Interoperability)与时俱进地提出了面向对象的三维建筑产品数据标准——IFC(Industry Foundation Classes)标准[9]。但因受制于计算机技术的发展，这一阶段的 BIM 研究仅停留于学术范畴内。

2000 年以后，BIM 相关软件得到了长足的发展，最为知名的有 ArchiCAD、Autodesk Revit、Bentley BIM 等。特别是 2002 年，Autodesk 公司首次将 BIM 一词应用于商业推广，这些模型生成工具与同时期的理论研究起到了相辅相成的作用，使 BIM 研究向实际应用的推广迈出了一大步。此外，BIM 研究在欧洲和北美以外的国家和地区也开始兴起。

2002~2008 年间，前几年理论研究仍集中于建模技术的发展。由于对生产流程的关注，逐渐出现对施工现场 BIM 的研究，其中包括自动识别技术，3D 激光扫描技术等。而数据交换的问题仍作为研究重点在持续被关注，在 2004 年，美国基于 IFC 标准编制了国家 BIM 标准——NBIMS (National Building Information Model Standard)。到了后期，则开始出现集成化、生产流程、组织沟通以及绩效评价的研究，呈现出百花齐放的态势。

2008 年至今，BIM 研究和应用在全球范围内都迎来了爆炸式的增长。BIM 应用在建筑师或设计单位中已日趋成熟，其研究的重要性也日益凸显，成为建设工程领域的研究热点之一。BIM 研究的内容和分支也详细复杂，不仅有对数据交换问题等难题的持续研究，也出现了对施工现场、后期运维、效益评价和可持续建筑发展等探讨的研究，包括 RFID 技术的采用、远程机械操作空间模拟、自动识别技术、激光扫描技术的实际应用等。与此同时，新加坡、日本、英国、挪威、澳大利亚、韩国和我国等各个国家纷纷制定了各自的行业数据交换标准，以完善推广 BIM 的业内应用。

综上所述,可见 BIM 研究的重要性日益凸显,逐渐成为研究热点。尤其是近十多年来,BIM 研究呈现出百花齐放的态势,形成了丰富的研究内容和分支。因此,在这样的宏观环境下,对近十年来 BIM 研究的领域、发展脉络和流派进行系统的梳理非常有意义,不仅对 BIM 理论研究有着重要的指导意义,也对 BIM 应用实践提供了前瞻性的指导。

3 研究方法与数据来源

3.1 研究方法

对某一学科的研究文献进行系统分析,一般包括定性分析和定量分析两种视角。前者的重心在于对文献内容的分析和比较,一般由研究人员通过对经典文献的内容分析,深入分析相关研究的演进脉络,并对其认为经典的文献进行内容比较与综述。后者则是运用文献计量学方法,侧重于通过量化指标对该领域全部文献的整体分布和个体体征进行计算和分析,如运用经典的引文网络方法,通过绘制与分析文献的引用网络、共被引网络以及关键词关联网络等,对文献的关注度、于领域的划分以及交叉关系、研究热点的演进等进行客观、精确的研究。

为能够全面展示 BIM 相关研究的发展现状和趋势,本文将综合运用上述两种视角。即首先运用定量研究,通过对相关文献数据的量化分析,发现该领域研究的结构性特征和关键节点;然后根据 BIM 研究特点和规律,对其进行定性解读与修正,最终对 BIM 研究的进展状况、经典文献、流派构成、研究热点以及未来趋势等问题给出尽可能客观、深入的阐释。

3.2 数据来源

为能够全面、客观地反映十年来 BIM 领域的研究进展与成果,本文以权威 Web of Science (SCI)-Expanded 学术数据库为主要检索平台;并根据工程管理领域若干文献综述所选取的重要期刊[10,11],补充了两本未被 SCI 收录但被 EI 收录且

在 BIM 及项目管理领域受到重视的期刊 *Journal of Information Technology in Construction*(IT-Con)及 *Construction Management and Economics*(CME),以尽量确保文献综述数据来源的权威性与完整性。本研究首先以"BIM"、"building information model *"、"4D"、"four dimension *"、"nD"、"n dimension *"、"building product model"、"VDC"、"virtual design and construction"、"project simulation"、"digital building"、"project visualization"等 12 个关键词,对 2002~2012 年发表的文献进行主题检索,得到 21548 篇文献。然后选取"computer science interdisciplinary application"、"engineering civil"、"construction building technology"、"Business management"、"computer science information systems"、"computer science software engineering"等相关学科精炼检索结果得到 1141 篇文献。接着通过人工识别来进一步删除不相关文献,逐一阅读摘要与结论来判断某篇文献是否属于 BIM 研究范围,最终确定了 317 篇相关文献。对这 317 篇文献进行编码(源自 SCI 的文献编码为 A 类;其余的文献编码为 B 类),收集其标题、来源期刊、发表年份、作者、关键词、施引文献和引用文献等信息用于定量分析。

4 整体研究趋势

基于前述文献样本,本文首先对 2002~2012 年间 BIM 文献的数量变化进行了统计,并以 9 本影响因子较高的 SCI 源刊为例,计算了 BIM 文献在这些期刊上的比例变化,统计结果如图 1 所示。可以看出,BIM 相关研究在过去 11 年间整体处于起步阶段,文献总量整体较低(在样本集中,平均每年 29 篇)。但是其增长非常稳定和显著,无论文献数量还是在所占比重,都增长了 5 倍以上,在建设工程领域主流学术期刊中的地位正稳步提升。

为进一步揭示 BIM 研究的分布特点,本文又对样本集全部文献的来源国别和来源期刊进行了分类汇总,图 2 展示了样本文献的洲际分布和文献数量前十名的地区分布。从图2中可以看到,BIM

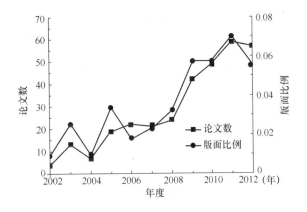

图1　2002～2012 年 BIM 文献数量及
在相关期刊中版面比例

研究主要来源于北美洲和欧洲地区，其中美国的相关研究数量遥遥领先；但是韩国、中国香港等亚洲地区同样显示出了在该领域的强劲研究实力，超过了大多数欧美国家，而中国大陆在顶级期刊文献发表数量较少，未能上榜。

图3 列示了 2002～2012 年间发表 BIM 文献最多的 9 本期刊，其各年份发表数量在当年全部 BIM 文献中的比例。可以看到，*Automation in Costruction* 始终是 BIM 研究领域最主要的文献来源之一。

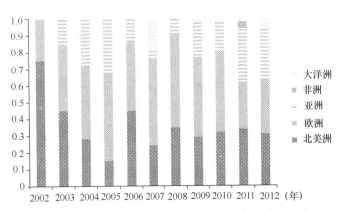

国家和地区	总数	全球比例
美国	88	28%
韩国	23	7%
英格兰	21	7%
德国	18	6%
英国	16	5%
中国香港	16	5%
加拿大	13	4%
瑞典	12	4%
荷兰	11	3%
以色列	9	3%

图2　2002～2012 年各地区发表 BIM 文献数量

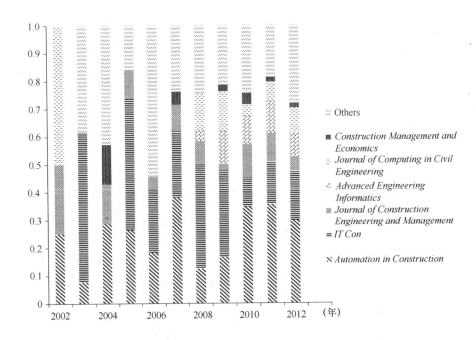

图3　2002～2012 年各主要期刊发表 BIM 文献的比例

5 引文网络分析

为能够更加深入的分析 BIM 研究领域的关键节点文献、研究主题等内容，本文引入了文献计量学中的引文网络分析方法。所谓引文网络，就是以文献之间互相引用和被引用的关系集合为基础，所构建的多种形式的复杂网络系统，其形式主要包括引用网络与共被引网络等。

5.1 引用网络与关键节点文献分析

引用网络是最常见的引文网络形式，即以文献为节点、以文献间的引用关系为边。如果文献 A 引用了文献 B，则在引用网络中，节点 A 到节点 B 之间存在一条有向边。由于能够直观地反映文献的引用数量与分布，因此常被应用于评价学科内的知识交流活跃程度、衡量各文献的贡献并发现经典文献(关键节点)等。

以小节 3 中所述的数据集(共 317 篇)为基础，本文对每篇文章所附参考文献的列表进行了提取，并滤除了其中对本数据集之外文献的引用，发现互相存在引用关系的文献共计 215 篇。以此构建引用网络，如图 4 所示。

通过统计得出，该引用关系网络引用密度(即实际边数与最大可能边数之比)为 0.009976，相对于其他学科略低。这说明目前 BIM 领域的相关研究视角分散、研究者间的交流频度仍然较低，表明该学科仍处于起步阶段，体系尚未健全完善。

考察引用网络的重要目标之一，就是根据引用关系衡量各篇文献对该学科发展的贡献，对此，本文选择了入度排名和 PageRank 排名两种常用算法。所谓入度排名，即根据文献的被引用数(表现为图 4 中指向某一节点的有向边的数量，即"入度")，评价各篇文献所受的关注度高低，作为衡量其价值的量化指标。PageRank 方法则是采用类似网络搜索引擎排名的方式，将每篇文献视作一个网页、文献引用关系视作网页链接，然后通过改进的 PageRank 算法进行迭代计算，其特点在于，如果一篇文献被其他重要文献引用，则该文献自身的重要性也会增加。针对所采集的全部 BIM 文献数据，本文采用上述两种方法分别进行了计算和排名，发现应用每种方法所得的文献排名基本相同。因此选择综合排名靠前的 12 篇文献简要列示于表 1，供学者参考。

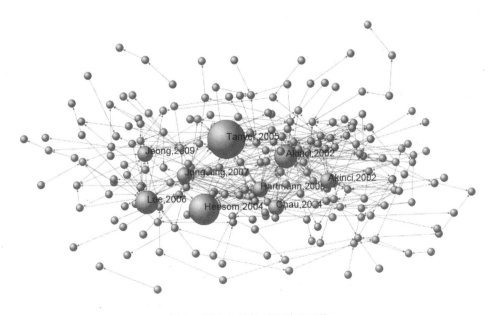

图 4　BIM 文献的引用关系网络

按入度和 PageRank 排名的重要 BIM 文献　　　　　　　　　表 1

文献编码	发表年份	第一作者	文献标题	入度排名	PR 排名	欧氏距离
A213	2002a	Akinci	Automated generation of work spaces required by construction activities	2	3	3.61
B095	2004	Heesom	Trends of 4D CAD applications for construction planning	5	4	6.40
A198	2005	Tanyer	Moving beyond the fourth dimension with an IFC-based single project database	8	2	8.25
A167	2007	Jongeling	A method for planning of work-flow by combined use of location-based scheduling and 4D CAD	1	9	9.06
A147	2008	Hartmann	Areas of application for 3D and 4D models on construction projects	2	12	12.17
A174	2006	Lee	Specifying parametric building object behavior（BOB）for a building information modeling system	13	5	13.93
A214	2002b	Akinci	Formalization and automation of time-space conflict analysis	8	10	12.81
A202	2004	Chau	Four-dimensional visualization of construction scheduling and site utilization	5	13	13.93
A129	2009	Jeong	Benchmark tests for BIM data exchanges of precast concrete	10	11	14.87
A171	2007	Hartmann	Supporting the constructability review with 3D/4D models	5	17	17.72
A131	2009	Succar	Building information modelling framework：A research and delivery foundation for industry stakeholders	4	18	18.44
A210	2003	Dawood	Development of an integrated information resource base for 4D/VR construction processes simulation	13	14	19.10

综观关键节点文献及其重要的施引文献，深入挖掘这些经典文献的主要特点或贡献，可以绘制BIM 研究关键节点及其演进路径，如图 5，其中"＊"表示属于 4D 技术研究的文献，序号表示排名。以时间为序举例，Akinci 等发表了两篇施工空间与冲突分类分析的开创性文献[12][13]；Jongeling 等开创性提出在 4D 技术中用 location-based 代替 activity－based 的进度计划方法[19]；Hartmann 等首次提供了 3D/4D 技术应用领域及目的清单[21]；Jeong 等证明了 IFC 是最有效的 BIM 数据交换格式但仍需标准和手册[22]。图 5 表明，BIM 应用领域由单一拓展到综合应用，BIM 研究视角从技术拓宽到组织与管理视角，BIM 研究热点从技术改进延伸到数据交换格式与标准制定。

5.2　共被引网络与社团流派分布

引文分析的另一个重要工具是共被引网络，即以文献为节点、以文献间的"共被引"关系为边所构造的加权无向网络。所谓"共被引"，即当两篇文献A、B 同时被文献 C 引用时，则称 A 与 B 之间存在一个共被引关系，在网络中表现为一条权重为 1 的无向边；如果 A 与 B 同时被 n 篇文献引用过，则将 A 与 B 之间的无向边权重设置为 n。共被引关系一般说明两篇文献之间存在着共同的主题、方法或视角，因而会被其他文献同时引用。所以共被引网络常被用于发现一个大研究领域内的不同流派或研究主题。

通过对所采集的 BIM 文献数据集进行整理，

共计发现 124 篇文献之间存在 959 个共被引关系，进而构建图 6 所示的共被引网络，并将边的权重体现为线条宽度。

基于图 6 所示的共被引网络，应用网络社团发现算法 fast-greedy 方法，将其划分为 6 个社团（聚

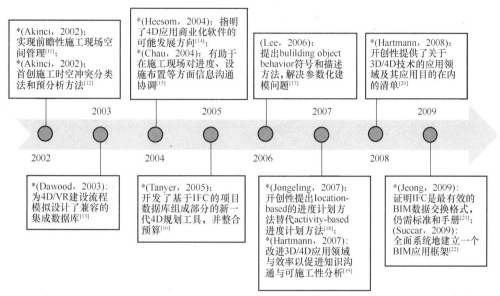

图 5　BIM 研究关键节点文献贡献及其演进

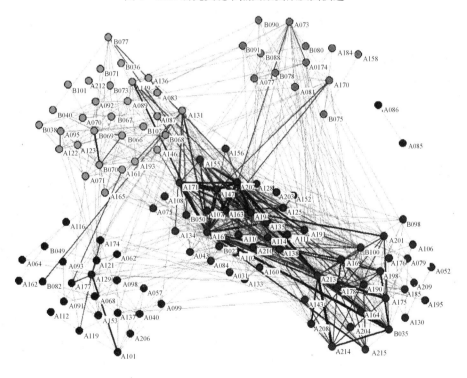

图 6　BIM 文献的共被引网络

类），每个聚类内部的关联密度都显著高于网络整体，因而可以被用作划分研究主题或流派的参考数据。基于这一定量数据，结合阅读与内容分析，将

当前的 BIM 社团流派划分为 5 个主题，如表 2 所示。

进一步分析各文献第一作者与署名作者后，发

现目前国际上著名的 BIM 研究团队主要有：Stanford 大学的 CIFE 团队，以 Levitt，Martin 为代表，包括 Timo，Akinci，Calvin 等知名学者；佐治亚理工大学的团队，以 Eastman 为代表；以色列大学的团队，以 Sacks 为代表；另外还有香港理工大学的 Chau，清华大学的 Zhang 以及韩国的

Kim。从全球范围来看，美国仍然是 BIM 研究的最重要基地，Stanford 大学的学者已深入世界各地开展 BIM 的研究与推广，他们与全球多个高校都有合作研究，而 Eastman 与 Sacks 合作较为紧密，共同发表了多篇文献，德国、韩国 BIM 研究自称一系，中国内地与香港的合作联系比较多。

BIM 研究社团流派分析　　　　　　　　　　　　　表 2

编号	社团流派	文献数量	内容与特点	代表作者
1	基于 3D/4D 的基础性应用	31	基于 3D/4D 研究，探讨 BIM 的基础性应用，是 BIM 研究网络的中心，与其他社团的连接性都较高，是其他各类社团流派的借鉴	Hartmann，Timo；Jongeling，Rogier
2	应用框架与案例实践	30	占据整个网络中的上支角，主要围绕 BIM 应用框架和案例研究展开，与基于 3D/4D 的基础研究联系紧密，同时也涉及全生命周期及数据交换角度	Sacks，Rafael
3	技术结合	25	主要关注 BIM 技术与其他技术（如 GIS、RFID 等）的结合，因此与其他非中心流派相比与基于 3D/4D 的基础研究的联系最紧密	Bansal，V. K
4	互操作性	23	文献数量相对中等，社团内重点关注互操作性问题，因互操作性问题基于技术基础，源于实践困难，最终又服务于应用，故与 4D 研究、应用实践的联系较为紧密	Eastman，C. M.
5	其他	13	文献数量为五个流派中最少，但关注的范围广泛，包括结构安全（代表文献所提）、可持续建设、nD 应用的拓展以及跨组织关系，是近年来兴起的研究热点与未来的研究方向	—

6　基于关键词的研究热点分析

通过前述共被引网络分析，可以揭示出当前 BIM 研究领域的整体主题分布，但却无法展示更为细节的研究热点变化。而关键词共现网络分析和关键词突现检测，是目前分析学科研究热点的主流方法。

6.1　关键词共现与重要性排名

首先，对样本中全部 317 篇文献的关键词进行了分类整理，将相近关键词（如 BIM 与 Building Information Modeling）合并，最终得到 481 个关键词。如果两个关键词同时出现于同一篇文献的关键词列表，则这两个关键词之间存在一个"共现"关系，依此可以构建关键词共现网络。为便于展示，

选取 60 个高频关键词并绘制其加权共现网络（如图 7 所示）。高频词阈值的选择依据 Donohue 于 1973 年提出的高频词低频词界分公式：$T=(-1+\sqrt{1+8I_1}/2)$[8] 计算得出，数值为 5。

点的度数中心度是衡量各个节点中心性的指标，可以反映一个节点与其他节点相连情况，如果一个点与许多节点直接相连，说明该点具有较高的度数中心度。点的度数中心度包括绝对中心度和相对中心度，后者是前者的标准化形式。各关键词相对中心度如表 3 所示，分析显示点的度数中心度排名前十位的关键词分别是 BIM、4D、3D、construction management、CAD、building product model、interoperability、integration、visualization、design process，根据关键词共现网络中节点的大小亦能看出。

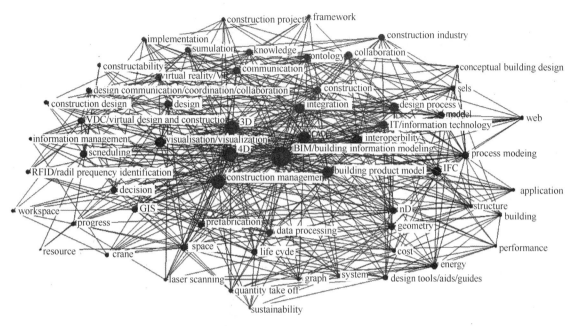

图 7　高频关键词共现网络

相对中心度排名（前十位）　　表 3

序号	关键词	相对中心度
1	BIM	0.053
2	4D	0.038
3	3D	0.036
4	construction management	0.035
5	CAD	0.031
6	building product model	0.029
7	interoperability	0.026
8	integration	0.025
9	visualization	0.025
10	design process	0.022

　　结合图 7 和表 3 的计量分析以及目前 BIM 研究的实际情况，本文将 BIM 研究热点分为 BIM 相关概念、BIM 功能、管理问题、互操作性以及 BIM 与其他技术结合等五部分。分析发现近 11 年国外 BIM 研究热点主要集中在以下几个方面：

　　（1）关于 BIM 相关概念的研究。BIM 的相关概念包括 3D、building product model、4D、nD 及 BIM 等，形成了以 BIM 为核心的完整而丰富的 BIM 相关概念。根据网络图中各个关键词的中心性大小，可以看出除 BIM 以外，4D 相对于 nD 等其他概念更受学界关注。值得一提的是，尽管 BIM 等相关概念但亦有可能在其他主题文献中以

关键词形式出现，但仔细阅读相关文献内容后发现确有部分文献研究相关理念及框架。

　　（2）关于 BIM 应用功能的研究。BIM 技术的发展使得 BIM 在工程项目中的应用越来越广泛，包括场地空间规划、进度管理、成本估算、设备操作模拟等领域。该主题包括了 visualization、scheduling、energy 等，并与网络图中的 BIM、4D、3D 等核心关键词紧密相连。

　　（3）关于管理问题的研究。建筑业传统的组织流程割裂问题是阻碍 BIM 这一集成技术成功应用的关键因素，也是近十年学界探讨的热点话题之一。而协同设计是这一问题的主要关注点，从共现网络图中可以看出，这一热点主题的关键词以 collaboration 为核心，包括 design process、design coordination、knowledge、communication 等关键词。

　　（4）关于互操作性的研究。应用程序之间的数据互操作性是解决众多建筑业问题的有效措施。缺乏互操作性亦是阻碍在设计和建造过程中应用 BIM 的因素之一。从网络图中亦不难看出，互操作性问题研究是近十一年 BIM 研究热点主题中的焦点之一，IFC、integration 等关键词与 interoperability 的高度联系共同代表了这一

研究热点主题。

（5）关于 BIM 与其他技术结合的研究。该主题以关键词 laser scanning 为主，聚集了 GIS、RFID 等其他关键词，并与网络图的核心关键词及 BIM 应用功能主题紧密联系。通过将 BIM 与 GIS、laser scanning 等其他技术结合，共同应用于设计或施工阶段，可进一步完善 BIM 功能，扩大 BIM 应用领域。

6.2 研究热点演化

在 BIM 研究从产生到蓬勃发展的过程中，每一个阶段都会涌现出不同的研究热点，表现为相关关键词的出现频度。分析这些热点的变化历史，对于把握未来的学科走向具有重要的参考意义。通过对样本文献中关键词出现频度进行逐年汇总，图 8 展示了 2002～2012 年研究热点的演化趋势。

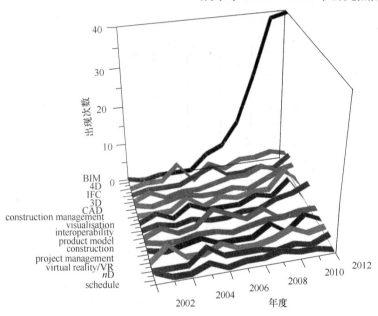

图 8　主要关键词的出现频度演化

从图 8 中可以看到，BIM 研究领域在不同阶段的热点存在明显的变化。在 2002～2003 年间，VR、3D、Visualization 比例较高，说明该阶段以建筑模型三维可视化模拟研究为主，其背景原因在于由于受技术限制，此期间相关商业技术软件开发仍是为了满足可视化需求，以将 2D CAD 图纸转化为 3D 可视化模型为目的，故 BIM 技术应用仍局限于可视化功能。2004 年起，研究关注点开始转移到 4D、Product Model 与 nD，其背景原因主要源于两个科研项目，分别是斯坦福大学 CIFE 于 2003 年推出的基于 IFC 的 PM4D（Product Model and Fourth Dimension）系统以及英国 Salford 大学于 2002 年开始的"From 3D to nD"项目。前者开发的 4D 系统具有快速生成成本预算、全寿命周期成本分析、进度报告等功能，实现了 4D 可视化施工过程模拟，4D 在设计及施工阶段的应用得到进一

步拓展；后者则利用 IFC 标准开发了一个整体 n 维建模工具，集成时间、成本、可建造性、声学、光学与能耗等各种设计参量以系统评估并对比各种不同设计方案的优缺点，nD 建模概念开始获得世界范围内的广泛关注；但是 nD 的概念在随后几年中热度下降，可能是因为建模标准问题还未得到充分与完善的考虑。同样在 2004～2005 年间，Construction Management 开始在 BIM 研究领域频繁出现，说明学者对 BIM 的研究开始从技术视角向管理视角扩展，开始探索 BIM 的应用对传统工程管理方式带来的变革，以及如何应用 BIM 解决工程管理中的实际问题。而在 2006～2007 年，IFC 成为研究热点，其内在原因是对 nD 建模的支持要求研究一个可进行数据交换的标准；外在动力为美国于 2007 年发布的国家 BIM 标准（National Building Information Modeling Standard），这引起了全

球范围内众多学者及研究机构对 IFC 标准的关注。从 2008 年开始，Interoperability 开始稳定增长，同时 Construction Management 再一次受到关注，说明随着 BIM 在项目中应用的深入，开始引发学者对其于工程管理影响的进一步思考；与 2004～2005 年不同的是，这一期间学者的关注点主要表现在 BIM 的跨组织跨领域应用所产生的信息沟通问题，以及从组织行为视角分析 BIM 情境下项目各参与者行为动机、表现及其影响因素。最后值得一提的是，BIM 一词尽管是 BIM 研究领域的核心关键字，但是直到 2006 年才开始被广泛使用，并随之迅速普及，增长速度超过所有其他关键词。这也说明 2006～2012 年间，BIM 概念得到了越来越多的认可，并进入了快速发展的轨道。

7 结论与展望

BIM 已经成为目前建筑设计和工程管理方面的重要研究领域，但由于其涉及主题繁杂，且处于起步探索阶段，目前尚缺少对该领域研究脉络的系统梳理。对此，本文基于文献计量学方法和内容分析方法，对 BIM 研究领域 2002～2012 年期间的主要文献数据进行了定量和定性研究。本文的主要发现和贡献包括：

（1）BIM 研究数量稳步增长，但相互之间的引用密度较小。这说明该学科仍处于起步阶段、研究机构和主题相对分散，因而导致内部交流活跃程度较低；美国和韩国是 BIM 研究的主要来源国家，*Automation in Construction* 则是相关研究的主要来源期刊。

（2）基于引文网络发掘并列示了本领域的重要文献，可供研究者和学习者参考。

（3）依据共被引网络分析，发现 BIM 研究可以主要划分为 5 个社团流派，包括：基于 3D/4D 的基础性应用，BIM 应用框架与案例实践，BIM 与其他技术的结合，互操作性，其他。

（4）基于共现网络发掘并列示了 BIM 研究领域的重要关键词，揭示了 BIM 研究热点的演化历程。BIM 研究热点分为 BIM 相关概念、BIM 功能、管理问题、互操作性以及 BIM 与其他技术结合等五部分。

尽管 BIM 研究取得了重大进展，但在诸多方面尚存在不足，仍具有较大的研究空间。

（1）BIM 在运维阶段的应用。BIM 应用于运维阶段的相关研究于近两年开始兴起，但仍处于现状调查及认识阶段，针对运维阶段特定需求的软件开发则较少，技术尚未成熟。

（2）BIM 与 Laser Scanning 等技术的结合应用。BIM 与 Laser Scanning 技术的结合对项目的进度控制具有重要意义，但对于一些重要问题尚未解决，包括进度信息不能及时准确地收集、建模成本高等。

（3）建模标准问题。尽管大量研究试图制定统一的建模标准（如 IFC）以及数据交换接口，但应用于项目全生命周期阶段的 BIM 模型在不同项目阶段、不同项目参与方之间的转换（包括建模深度及应用功能等）问题仍未得到解决。

（4）组织问题。尽管已有不少研究探讨 BIM 技术所带来的工作范式的变革，但仍仅停留在研究层面。传统建设项目环境下参与方之间的组织分隔问题并没有随着 BIM 的应用而得到解决[24]，如何妥善解决好组织与组织、技术与组织的匹配问题仍需进一步探索。

（5）BIM 效益测量。现有研究虽已从行业生产范式变革的宏观研究层面拓展至项目参与者行为分析的微观应用层面，但因缺乏更多的实证数据证明 BIM 应用的价值，许多行业利益相关者对 BIM 这种新兴技术投资仍持谨慎态度[25]。因此从 BIM 的推广角度看，BIM 投资效益指标的建立、相关实践数据的支持以及最佳实践分析仍是 BIM 研究的薄弱部分。

参考文献

[1] Table B R. More construction for the money[R]. Construction Industry Cost Effectiveness Project, Summary Rep. , Washington, DC, 1983.

[2] NAP T N. Advancing the Competitiveness and Efficiency of the US Construction Industry[J]. National Academy of Sciences, Washington, DC, 2009.

[3] Li H, Lu W, Huang T. Rethinking project management and exploring virtual design and construction as a potential solution[J]. Construction Management and Economics, 2009, 27(4): 363-371.

[4] Becerik-Gerber B, Kensek K. Building information modeling in architecture, engineering, and construction: Emerging research directions and trends[J]. Journal of professional issues in engineering education and practice, 2009, 136(3): 139-147.

[5] Laiserin J. Comparing pommes and naranjas[J]. 2002:20-27.

[6] NIBS, Frequently Asked Questions about the National BIM StandardTM. National Institute of Building Sciences. http://www. buildingsmartalliance. org/nbims/faq. php#faq1. 2008.

[7] Eastman, C., The Use of Computers Instead of Drawings[J]. AIA Journal. 1975, 63(3): 46-50.

[8] vanNederveen G. A., F. Tolman, Modelling Multiple Views on Buildings[J]. Automation in Construction, 1992, Dec1(2): 215-224.

[9] IAI, End User Guide to Industry Foundation Classes, Enabling Interoperability in the AEC/FM Industry. International Alliance for Interoperability (IAI), 1996.

[10] Xue X, Shen Q, Fan H, et al. IT supported collaborative work in A/E/C projects: A ten-year review[J]. Automation in Construction, 2012, 21: 1-9.

[11] Xue X, Shen Q, Ren Z. Critical review of collaborative working in construction projects: business environment and human behaviors[J]. Journal of Management in Engineering, 2010, 26(4): 196-208.

[12] Akinci B, Fischen M, Levitt R, et al. Formalization and automation of time-space conflict analysis[J]. Journal of Computing in Civil Engineering, 2002, 16(2): 124-134.

[13] Akinci B, Fischer M, Kunz J. Automated generation of work spaces required by construction activities[J]. Journal of construction engineering and management, 2002, 128(4): 306-315.

[14] Dawood N, Sriprasert E, Mallasi Z, et al. Development of an integrated information resource base for 4D/VR construction processes simulation[J]. Automation in construction, 2003, 12(2): 123-131.

[15] Heesom D, Mahdjoubi L. Trends of 4D CAD applications for construction planning[J]. Construction Management and Economics, 2004, 22(2): 171-182.

[16] Chau K W, Anson M, Zhang J P. Four-dimensional visualization of construction scheduling and site utilization[J]. Journal of construction engineering and management, 2004, 130(4): 598-606.

[17] Tanyer A M, Aouad G. Moving beyond the fourth dimension with an IFC-based single project database[J]. Automation in Construction, 2005, 14(1): 15-32.

[18] Lee G, Sacks R, Eastman C M. Specifying parametric building object behavior (BOB) for a building information modeling system[J]. Automation in construction, 2006, 15(6): 758-776.

[19] Jongeling R, Olofsson T. A method for planning of work-flow by combined use of location-based scheduling and 4D CAD[J]. Automation in Construction, 2007, 16(2): 189-198.

[20] Hartmann T, Fischer M. Supporting the constructability review with 3D/4D models[J]. Building Research & Information, 2007, 35(1): 70-80.

[21] Hartmann T, Gao J, Fischer M. Areas of application for 3D and 4D models on construction projects[J]. Journal of Construction Engineering and management, 2008, 134(10): 776-785.

[22] Jeong Y S, Eastman C M, Sacks R, et al. Benchmark tests for BIM data exchanges of precast concrete[J]. Automation in construction, 2009, 18(4): 469-484.

[23] Succar B. Building information modelling framework: A research and delivery foundation for industry stakeholders[J]. Automation in Construction, 2009, 18(3): 357-375.

[24] Dossick C S, Neff G. Organizational divisions in BIM-enabled commercial construction[J]. Journal of Construction Engineering and Management, 2009, 136(4): 459-467.

[25] Barlish K, Sullivan K. How to measure the benefits of BIM—A case study approach[J]. Automation in construction, 2012, 24: 149-159.

建设工程领域安全科学研究前沿

陈文艳　张守健　魏静静

（哈尔滨工业大学工程管理研究所，哈尔滨 150001）

【摘　要】通过对安全科学领域国际权威期刊 *Safety Science* 近一年来的文章研究分析，给安全领域的科研工作者在安全领域的研究提供新思路。通过分析该刊 2013 年 5 月～2014 年 5 月发表学术论文的领域、内容、数量、研究方法与作者分布等情况，着重分析了建设工程领域安全论文，展现建设工程领域安全科学研究的前沿动态，为国内建设工程安全科学研究人员、建设行业安全管理者提供最新研究思想、研究方法及安全管理技术，提高我国学者建设工程安全研究水平，提高建设行业安全控制与管理者的安全管理水平。

【关键词】安全科学；建设工程；研究方法；研究动态

Research Frontiers of Construction Safety Science

Chen Wenyan　Zhang Shoujian　Wei Jingjing

（Institute of Construction Management，Harbin Institute of Technology，Harbin 150001）

【Abstract】This paper based on *Safety Science*，an international authoritative journal in the field of safety，providing new ideas to the researchers. By analyzing the field content，quantity，research methods and author distribution of published papers from May 2013 to May 2014，this paper shows the leading edge trends in this area，aiming to provide domestic construction safety science researchers with the latest ideas and research methods and to improve our scholars' research level for construction safety management.

【Key Words】 safety science；construction engineering；research methods；research trends

1 引言

安全管理是生产经营活动的当务之急，安全生产以消除人的不安全状态为中心。安全是人类最重要也是最基本的需求，是各个行业计划与控制的首要目标，是人民生命与健康和国家财产的基本保障。安全生产是社会发展的必然要求，体现了先进生产力的发展水平。安全生产直接关系到人民群众生命安危及财产安全，是全面建设小康社会的前提和重要标志，是社会主义现代化建设和经济持续发展的必然要求。

在建筑业，建设工程规模较大，生产工艺复杂、工序较多，在施工过程中，投入人员、工具及设备多，作业交叉和流动分散于施工现场的各个部位，所遇到的不确定因素和防范措施复杂、多样化，使得安全管理涉及范围大、控制面广，从而决定了安全生产管理的动态性和复杂性。对各种不安全因素，要用技术手段、管理措施加以消除和控制。在我国，建设行业蓬勃发展的同时，建设工程领域的安全生产问题频出，暴露出一系列安全生产和管理问题。与国际先进的安全生产管理模式相比，建筑安全生产监督管理的手段依然落后、安全生产的技术含量较低、伤害防护技术陈旧等仍然是制约安全生产的重要问题。

为进一步提高国内工程建设业安全研究者的研究水平，为建设行业安全控制与管理者提供管理新思路，本文通过统计2013～2014年度科研工作者在安全科学领域国际权威期刊所发表的科技文献，从不同角度全面、客观地反映出建设工程领域安全科学研究的最新动态，并与2012年研究情况进行了对比分析，发现最新的研究趋势和前沿课题，为科研工作者提供最新研究思路。

2 *Safety Science* 总体介绍

本文选取安全科学领域国际权威期刊 *Safety Science* 近一年来发表的229篇学术论文来展现建设工程安全科学领域研究的最新动态。该刊被SCI检索，由荷兰 Elsevier B. V. 出版，收录文章范围涵盖医疗、交通、能源、制造业与建筑业等方面安全问题。

该刊2012～2013年度的影响因子为1.359，近五年来影响因子如图1所示。该刊在安全科学领域影响巨大，能够代表建设工程领域安全科学的发展方向。

图1 *Safety Science* 近五年影响因子

3 作者分布情况

近一年来，*Safety Science* 从全球共收录了来自36个国家学者的论文。通过统计这些论文发现，

各国家重点研究的安全领域存在较明显的差异，如表1和图2所示。其中，发表期刊论文数量排名前三的国家的论文具体发表机构和数量，如表2所示。

近一年来论文发表数量前十名的国家　　表1

排名	国家	论文数量	比率
1	中国	37	16.16%
2	美国	29	12.66%
3	澳大利亚	22	9.60%
4	英国	17	7.42%
5	加拿大	17	7.42%
6	挪威	16	6.99%
7	法国	8	3.49%
8	意大利	7	3.06%
9	西班牙	7	3.06%
10	荷兰	6	2.62%

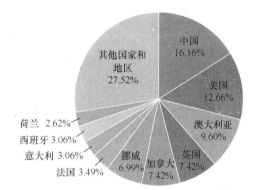

图2 近一年来论文发表数量前十名的国家分布

发表论文数量前三国家的具体发表机构和数量　表2

中国	文章数
中国矿业大学	3
东南大学	2
西安建筑科技大学	2
清华大学	2
华中科技大学	2
北京工业大学	1
长沙理工大学	1
首都经济贸易大学	1
河北科技大学	1
南京大学	1
湖南大学	1
中南大学	1
同济大学	1

续表

中国	文章数
武汉大学	1
哈尔滨工业大学	1
中国科技大学	1
中国科学院大学	1
武汉理工大学	1
北京理工大学	1
北京科技大学	1
哈尔滨工程大学	1
南京大学	1
台湾成功大学	1
台湾云林科技大学	1
台湾明志科技大学	1
台湾元智大学	1
台湾工业技术研究院	1
台湾海洋大学	1
大连理工大学	1
北京化工大学	1
中国矿业大学	1

美国	文章数
北卡州立大学	2
国家职业安全与健康研究所	2
俄勒冈州立大学	2
安莉芳里德尔航空大学	2
德克萨斯运输研究所	1
匹兹堡大学	1
国家标准与技术研究所	1
纽约大学	1
东卡罗莱纳大学	1
科罗拉多州立大学	1
佛罗里达大学	1
麻省理工学院	1
加利福尼亚州立大学	1
西弗吉尼亚大学	1
密歇根大学	1
密苏里－堪萨斯城大学	1
史密斯学院	1
莱斯大学	1
陆军研究实验室	1
伦勒斯理工研究院	1
奥多明尼昂大学	1
埃尔森特罗大学	1
亚利桑那州立大学	1
密西西比州立大学	1
人体功率学与应用个人研究公司	1

续表

澳大利亚	文章数
莫纳什大学	7
新南威尔士大学	4
昆士兰大学	2
澳大利亚科技大学	1
巴拉特大学	1
澳大利亚国立大学	1
昆士兰科技大学	1
埃迪斯科文大学	1
格里菲斯大学	1
阿得雷德大学	1
西悉尼大学	1
皇家墨尔本理工大学	1

由以上统计图表可以发现，我国的安全科学研究论文发表数量位列前茅，说明我国在这方面的研究水平处于领先地位。我国台湾地区近年来也广泛投入到安全科学领域研究中来，近一年来共发表文章6篇。

4　安全科学研究情况统计分析

通过统计从2013年5月～2014年5月 *Safety Science* 发表的229篇论文，可以得到该刊近一年来研究行业分布、研究内容和应用的研究方法，同时与2012年的研究情况进行了对比分析，详细研究情况如图3、图4、图5所示。

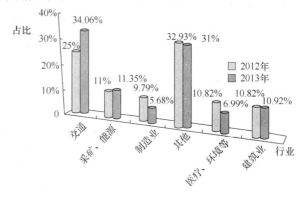

图3　2012年与2013年研究行业对比

由上图可以得到，对交通行业安全研究有增加的趋势，2013年占论文数量的1/3；2012年和2013年对建筑业安全研究的比例基本齐平，都在10%左右；事故分析和风险管理的研究合计达到44%，几乎占了研究量的一半，说明近一年的研究

文章数量（篇）

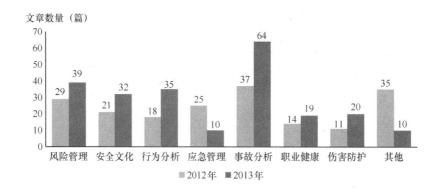

图 4　2012 年与 2013 年研究内容对比

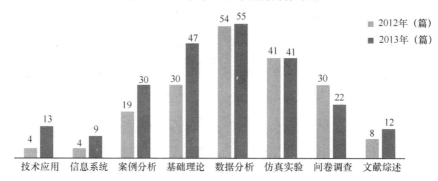

图 5　2012 年与 2013 年研究方法对比

内容重点在事故分析和风险防范等方面。数据分析方法成为主流分析方法，2012 年和 2013 年用数据分析方法的论文都超过了 50 篇，其应用比例超过 25%；其次，基础理论与仿真实验方法的应用也较多，合计约 50%。

5　建设工程领域安全科学研究情况统计分析

5.1　作者分布

通过统计该刊近年来发表的论文得到来自 13 个国家的 25 篇建设工程领域安全科学相关论文。其中，论文发表国家及数量如表 3 所示。前两名的国家分别是中国和西班牙，合计占到总数的 44%。中国高达 32%，分别有华中科技大学、东南大学、清华大学、台湾明志科技大学、西安建筑科技大学、台湾工业技术研究院，其中除华中科技大学发表三篇论文外，其余大学各发表一篇论文。西班牙论文发表数量占到 12%，分别由格拉纳达大学、马拉大学、西班牙建筑技术大学各发表一篇。

建设工程领域安全科学论文发表情况　　表 3

国家	论文数
中国	8
西班牙	3
英国	2
美国	2
葡萄牙	2
瑞典	1
以色列	1
加拿大	1
挪威	1
新加坡	1
澳大利亚	1
荷兰	1
德国	1

5.2　研究情况统计

通过统计 25 篇建设工程领域安全科学论文，可以得到该刊近一年来有关建设工程领域安全方面研究的研究对象、研究内容和研究方法统计情况如图 6、图 7、图 8 所示。

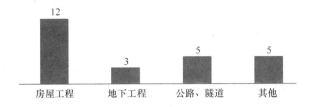

图 6　研究对象

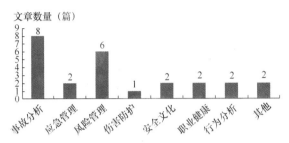

图 7　研究内容

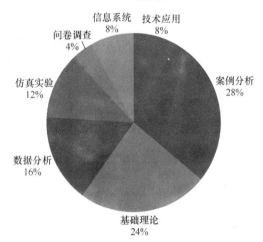

图 8　研究方法

从图 6、图 7、图 8 可知近一年来该刊发表的论文中有关房屋工程领域的论文数量最多，为 12 篇。从研究内容分析，事故分析和风险管理的研究是重点研究内容，合计达到 56%，其他也涉及应急管理、安全文化、职业健康和行为分析等内容。从研究方法的角度分析，案例分析和基础理论是主流研究方法，合计占到 52%，说明在建筑安全领域，案例分析和基础理论仍是研究的主要方法。

6　近一年来建设工程领域安全科学发表论文目录

6.1　信息系统（共 2 篇）

［1］　Lieyun Ding, Limao Zhang, Xianguo Wu, Miros-

law J. Skibniewski, Yu Qunzhou. Safety management in tunnel construction：Case study of Wuhan metro construction in China. Safety Science. 2014，62：8-15.

［2］　Puyan Abolghasemzadeh. A comprehensive method for environmentally sensitive and behavioral microscopic egress analysis in case of fire in buildings. Safety Science. 2013，59：1-9.

6.2　仿真实验（共 3 篇）

［3］　Rui Azevedo, Cristina Martins, José Cardoso Teixeira, Mónica Barroso. Obstacle clearance while performing manual material handling tasks in construction sites. Safety Science. 2014，62：205-213.

［4］　Amotz Perlman, Rafael Sacks, Ronen Barak. Hazard recognition and risk perception in construction. Safety. Science；2014，64：22-31.

［5］　Na Luo, Angui Li, Ran Gao, Zhenguo Tian, Wei Zhang, Sen Mei, Luman Feng, Pengfei Ma. An experiment and simulation of smoke confinement and exhaust efficiency utilizing a modified Opposite Double－Jet Air Curtain. Safety Science. 2013，55：17-25.

6.3　基础理论（共 6 篇）

［6］　Juan P. Reyes, José T. San-José, Jesús Cuadrado, Ramón Sancibrian. Health & Safety criteria for determining the sustainable value of construction projects. Safety Science. 2014，62：221-232.

［7］　Abel Pinto. QRAM a Qualitative Occupational Safety Risk Assessment Model for the construction industry that incorporate uncertainties by the use of fuzzy sets. Safety Science. 2014，63：57-76.

［8］　Zhipeng Zhou, Javier Irizarry, Qiming Li. Using network theory to explore the complexity of subway construction accident network（SCAN）for promoting safety management. Safety Science. 2014，64：127-136.

［9］　Gregory W. King , Adam P. Bruetsch, John T. Kevern. Slip－related characterization of gait kinetics：Investigation of pervious concrete as a slip-resistant walking surface. Safety Science. 2013，57：52-59.

［10］　Guy H. Walker, Neville A. Stanton, Ipshita Chowdhury. Self Explaining Roads and situation awareness. Safety. Science. 2013，56：18-28.

［11］ Andrew Hale，David Borys. Working to rule, or working safely? Part 1：A state of the art review. Safety Science. 2013，55：207-221.

6.4 案例分析(共 7 篇)

［12］ Limao Zhang，Miroslaw J. Skibniewski，Xianguo Wu，Yueqing Chen，Qianli Deng. A probabilistic approach for safety risk analysis in metro construction. Safety Science. 2014，63：8-17.

［13］ Richard Irumba. Spatial analysis of construction accidents in Kampala，Uganda. Safety Science. 2014，64：109-120.

［14］ Ying Lu，Qiming Li，Wenjuan Xiao. Case—based reasoning for automated safety risk analysis on subway operation：Case representation and retrieval. Safety Science. 2013，57：75-81.

［15］ Nima Khakzad，Faisal Khan，Paul Amyotte. Quantitative risk analysis of offshore drilling operations：A Bayesian approach. Safety Science. 2013，57：108-117.

［16］ Dongping Fang，Haojie Wu. Development of a Safety Culture Interaction (SCI) model for construction projects. Safety Science. 2013，57：138-149.

［17］ Paul Swuste. A "normal accident" with a tower crane? An accident analysis conducted by the Dutch Safety Board. Safety Science. 2013，57：276-282.

［18］ Babak Memarian，Panagiotis Mitropoulos. Accidents in masonry construction：The contribution of production activities to accidents，and the effect on different worker groups. Safety Science. 2013，59：179-186.

6.5 数据分析(共 4 篇)

［19］ Jian-Lan Zhou，Ze-Hua Bai，Zhi-Yu Sun. A hybrid approach for safety assessment in high-risk hydropower-construction—project work systems. Safety Science. 2014，64：163-172.

［20］ Ching—Wu Cheng，Tsung—Chih Wu. An investigation and analysis of major accidents involving foreign workers in Taiwan's manufacture and construction industries. Safety Science. 2013，57：223-235.

［21］ Juan Carlos Rubio-Romero，M. Carmen Rubio Gámez，Jesús Antonio Carrillo-Castrillo. Analysis of the safety conditions of scaffolding on construction sites. Safety. Science. 2013，55：160-164.

［22］ Yingbin Feng. Effect of safety investments on safety performance of building projects. Safety. Science. 2013，59：28-45.

6.6 技术应用(共 2 篇)

［23］ Jung-Huang Liao，Dein Shaw. The use of laser scattering and energy harvesting technology for fire evacuation. Safety. Science. 2013，55：165-172.

［24］ Henrik Bjelland，Terje Aven. Treatment of uncertainty in risk assessments in the Rogfast road tunnel project. Safety. Science. 2013，55：34-44.

6.7 问卷调查(共 1 篇)

［25］ Monica López—Alonsoa，Maria Pilar Ibarrondo—Dávila，María Carmen Rubio—Gámez，Teresa Garcia Munoz. The impact of health and safety investment on Construction Company costs. Safety. Science. 2013，60：151-159.

基于 BIM 的建筑全生命周期安全管理研究

郭红领　　管骊然

（清华大学建设管理系，北京 100084）

【摘　要】　建筑业安全问题已成为全球最为关注的问题之一。随着信息技术的快速发展及其在建筑业应用的深入，相关研究与实践正期望利用信息技术来提高建筑业的安全管理水平。建筑信息模型（Building Information Modeling，BIM）作为行业推崇的信息技术之一，得到广泛关注。为了探索 BIM 及其相关技术在建筑业安全管理中的价值，拓展其应用空间，本研究综述分析了 BIM 技术在建筑生命周期各阶段安全管理中的研究与应用现状。研究发现，BIM 及相关技术有较大潜力支持建筑项目生命周期安全管理，但当前研究与实践主要集中于某一个或几个阶段，缺乏从生命周期角度思考安全管理的问题。最后，本研究提出了相关研究与实践建议，以期为 BIM 在安全管理中的拓展应用提供参考。

【关键词】　建筑业；安全管理；建筑生命周期；建筑信息模型（BIM）；信息技术

BIM-based Building Life-Cycle Safety Management: A Literature Review

Guo Hongling　　Guan Liran

(Department of Construction Management, Tsinghua University, Beijing 100084)

【Abstract】　Safety management in the construction industry has been attracting more and more attention worldwide. With the rapid development of advanced information technology (IT), it is being extensively adopted in the industry. Many researchers and practitioners are making an effort to use IT to improve the performance of safety management in construction. Building Information Modeling (BIM) is regarded as the most promising technology and being promoted in the industry. In order to put forward the potentials of BIM and relevant technologies to safety management and extend their applications in the industry, this research makes a literature review of applications of BIM to safety management for each stage of a building life cycle (BLC). It is founded that BIM and relevant technologies have the potential to support safety management, but existing research only focuses on one or some stages of buildings and lacks a BLC-based solution for safety management. Furthermore, this research presents relevant suggestions on the extensive applications of BIM in BLC.

【Key Words】 construction industry; safety management; building life cycle; BIM; information technology

1 引言

建筑业在全世界范围内已成为一个高风险和事故频发的行业[1]，建筑业的事故率长期维持在制造业的两倍[2]。如何提高建筑业的安全管理水平，正得到广泛关注。传统上，提高安全管理水平的手段包括法律手段、经济手段和安全文化的营造等。然而，法规和制度的制定往往与执行脱节；经济手段中的核心伤害保险实际上是一种较为被动的手段；安全文化氛围的营造手段则需要建立在基本安全管理制度已经比较完善的情况下才能执行。总的来看，这些手段都有较强的主观性，通常只能解决某一特定问题并且有一定滞后性，均不能全面、直接和客观的解决安全管理的症结问题。在建筑业信息化发展的大趋势下，通过信息技术来辅助安全管理已成为安全管理发展的方向。

近年来，建筑信息模型（Building Information Modeling，BIM）正得到行业推崇，基于 BIM 和相关信息技术的工程管理研究与实践如雨后春笋般涌现出来。BIM 从生命周期角度将建筑构件的几何信息和属性信息有机集成和管理起来，实现了建筑信息的可视化、集成化和参数化表达，为建筑整个生命周期的决策与管理提供了支撑[3]。BIM 相关技术包括虚拟现实（Virtual Reality，VR）、虚拟原型（Virtual Prototyping，VP）、虚拟施工（Virtual Construction，VC）、4D（Four-Dimensional）等。将 BIM 引入建筑安全管理正得到高度关注。

本研究旨在通过分析 BIM 及相关信息技术在建筑生命周期各阶段安全管理中的研究与应用现状，以探索 BIM 在建筑全生命周期安全管理中的应用潜力与未来。

2 BIM 与设计安全管理

Gambatese 等组织的一项调查显示，设计与施工现场的伤亡状况有着密切联系，通过关注设计来提高建筑安全的这一理念正得到行业认可[4]。安全设计已经被看作是一种切实可行的提高建筑项目安全系数的手段。在设计阶段，BIM 既可以帮助检测设计问题（包括空间冲突、结构设计问题等），以减少返工与事故，又可以辅助分析安全设施设计（如消防通道设计）[5]。从而，在施工前排除这些安全隐患，一方面减少施工中的事故发生，另一方面提高建筑服役过程中的安全水平。

2.1 结构安全设计

结构设计关系到建筑项目施工中及使用中的安全。一些学者将 BIM 及相关信息技术应用于结构设计的安全分析，即体现了安全设计的理念。例如，Hu 等通过 BIM 和 4D 技术的结合以及一些先进分析方法的引入，构建了建筑施工安全分析系统（Safety Analysis of Building in Construction，SABIC）[6]。BIM 包含了所需要的建筑、结构、施工过程和荷载状况等信息，可以在此基础上搭建 4D 施工管理平台，以实现施工过程可视化与结构分析的有效集成。

相关研究在设计阶段排除很多潜在危险，这将减少返工、更加确保结构的稳定性，进而提高安全管理的效率。然而，如何保证结构模型的准确性，如何实现施工过程中的实时结构稳定性分析，是当前面临的挑战，这在复杂结构体系中尤为明显。

2.2 消防安全设计

消防安全设计主要考虑的是遇火灾时人的逃生路线，这就需要在设计前对火灾发生时的实际情形进行模拟。Tang 和 Ren 基于地理信息系统（Geographic Information Systems，GIS）和结构信息模型对室内火灾模拟进行了研究，即在建立一个结构空间信息模型的基础上，集成火焰和烟雾的模拟数据，然后模拟人们遇到火灾时发生的各种行为反应,例如遇到烟雾时有些人会穿过烟雾而出,另一些人会匍匐通过或是转身逃避等[7]。此外,人们在遇火灾时发生的绕路和延迟反应行为也在模型中得到了较好的模拟。通过这样的室内模拟系统,安全管理者可以很好地预测火灾发生时人们的应对行为,并根据这些模拟结果来判断建筑的防火安全设计合理性及予以改善。

此外,一些学者基于 VR 技术进行了防火疏散模拟游戏试验,即在一个沉浸式的虚拟现实环境中,通过各种硬件支持来模拟人体在遇火灾情况下的主要感官感受。例如,图 1 展示了在虚拟现实实验室中对火灾中各种人体感官的模拟[8]。这种游戏可以让使用者得到很真实的遇火灾感受。安全专业人员可以通过这种游戏来对人们遇火时的行为进行模拟,从而制定更为有效的防火疏散策略。

由此可见,BIM 技术与其他信息技术的融合可以辅助消防疏散设计,但不同的技术具有不同的适用性,如 GIS 较适用于消防空间的宏观模拟;而基于 BIM 和 VR 的"游戏"环境更侧重于微观,即人的感受。如果说 GIS 技术因其空间技术的优势适合辅助安全设计,那么 VR 技术则因其对真实情形的仿真度高这一优势适用于检验安全设计的可靠性。因此,在消防安全设计中应充分集成 BIM 及相关技术,提高安全设计的成效,然而当前在这方面的研究与实践还显得不足。

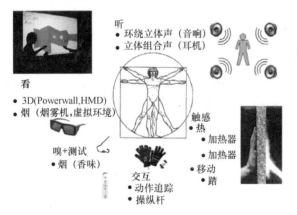

图 1　VR 实验室中对火灾时各人体感官的模拟

3　BIM 与施工前安全管理

施工前的安全管理主要是指在施工规划阶段充分考虑施工安全问题。因为施工现场的复杂性,施工人员很难从感性上认识到现场将会发生什么,基于 BIM 的可视化工具集成了施工中复杂的物理信息以及合同中的各项安排,可以使项目过程透明化。基于 BIM 及相关信息技术可在施工前在虚拟环境中发现潜在的施工安全规划隐患[9]。

Bansal 将 GIS 和 4D 应用于施工安全规划中[10]。由于 GIS 包含了诸多空间信息,包括地理坐标和地形状况等,这些信息集成在三维模型上,为安全规划提供了数据基础。4D 则对施工进度、现场等进行分析,并可以预测可能发生的事故状况以提前采取相应措施。通过使用 4D-GIS,安全规划人员和其他项目参与方可以根据过去发生事故的数据来防止类似的事故发生。Waly 和 Thabet 利用三维技术与面向对象的 CAD 开发了虚拟施工环境(Virtual Construction Environment,VCE)平台[11],用于协助计划编制人员在施工前从宏观上预览、分析和评估施工过程,从而提高决策水平。Huang 等开发了虚拟原型技术(VP),在虚拟环境下模拟施工过程,以检测施工方案存在的问题[12],已应用到多个项目中,如香港将军澳体育场[13]。这就使得项目各方都可以在一个很贴近现实的"施工"环境中检测现有方案存在的问题,优化施工方案,使其具有较强的可行性。安全管理人员可以在施工前计划阶段识别和排除潜在的危险,这将会在很大程度上消除因为项目计划不完善带来的安全事故风险,进而让安全管理人员可以分出更多的精力着重关注实际开工后工人的不安全行为。

然而,当前施工模拟主要用于宏观上的计划分析与编制。虽然将来会向微观方向发展,甚至可能会细化到每天或每小时的施工方案制定,但这需要更加详细的与决策相关的信息,同时需要改变现有模型的整体结构。如何保证这些信息的准确性和完备性是虚拟施工深度应用的挑战。同样,4D-GIS 可以动态地分析施工过程可能发生安全隐患的关键点,但安全隐患关键点识别的过程需要相关的安全管理人员具备足够的专业知识和实践经验,否则这一系统难以很好地发挥作用。

4　BIM 与施工中的安全管理

上述施工过程模拟可以进一步辅助施工中安全管理，如安全培训、安全隐患实时识别等。

4.1　安全培训

Ho 和 Dzeng 的一项关于数字化安全培训的效果调查显示，无论工人的年龄、教育背景和信息素养如何，适宜的培训模式和培训课程内容都可以改善工人施工行为的安全性；同时，通过数字化安全培训来提高实际现场安全状况是可行的[14]。Peterson 等将基于 BIM 技术的项目管理工具引入到两个项目管理课程中[15]。这使得课程任务能够在更加真实的项目环境中进行，并且 BIM 提供的信息也可以更好地帮助学生掌握如何运用所学知识来解决实际项目管理中可能出现的问题。由于 BIM 的信息完备性和可视化特点，培训人员可以设计出更加真实的课程案例，并更好地模拟真实发生的项目问题。鉴于 BIM 在项目管理课程上达到了令人满意的效果，其在安全培训上的潜力值得期待。Guo 等开发了一个基于 BIM 和游戏技术的施工机械操作安全培训平台[16]，通过交互和可视化的操作机制，使工人更容易掌握机械操作的技巧，从而提高施工中的安全水平。

将 BIM 的优势应用于数字化安全培训中具有一定的可行性。对不熟悉施工现场的工人，BIM 能帮助他们更快和更好地了解现场的工作环境、他们将从事哪些工作、哪些地方容易出现危险等，从而制定相应的安全工作策略。这种培训在一些复杂的施工项目中，优势将更加凸显。例如，机械设备如果操作不当将很容易出现安全隐患，特别是对于一些本身危险系数较高的建设项目。通过在虚拟环境中查看即将被建造的要素及相应的设备操作，工人能够更好地识别危险并且采取控制措施，从而更快和更安全地完成建设任务。图 2 展示了某地下吊顶机械操作的模拟图[17]。但是，现有安全培训主要利用 BIM 等技术的可视化功能，在动手操作培训或人机交互式培训方面还需要进一步

探讨。

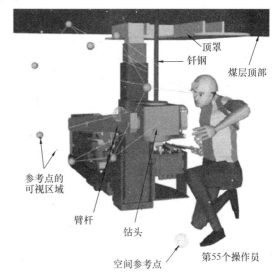

图 2　某地下吊顶机械操作模拟图

4.2　危险动态识别

一些安全隐患在静态模型下难以发现，例如塔吊在运行后可能会发现在某个位置时很容易与其他机械和建筑实体发生冲突。基于 4D-BIM 动态模拟及无线射频识别（Radio Frequency Identification，RFID）等技术的集成，可以在施工现场识别动态的危险因素。Yang 等提出了一个基于 RFID 的危害识别系统，用于施工现场的安全管理和事故预防[18]。当一个工人试图操作一个施工设备时，设备搭载的 RFID 标签读取器将会读取安装在工人安全帽上的标签，然后将工人信息与其身份进行匹配。如果工人有权限操作该设备，服务器将会返回一个同意使用的信号，反之将不开启，这就实现了操作权限的安全管理。此外，该系统还有安全预警功能。Chae 和 Yoshida 也提出了基于 RFID 的重型设备防冲撞安全管理系统[19]。这些研究都是基于 RFID 技术完成实时危险识别和预警功能。Benjaoran 和 Bhokha 通过 BIM 和 4D 技术的集成来辅助施工安全管理，即现场人员通过可视化过程信息来识别危害，进而由 SOPS（Safe Operating Procedures）自动提取安全措施，以防止相关危害的发生，最后比较实际执行的安全活动与待执行的安全活动，来调整施工计划，以有效地满足安全需

要[20]。郭红领等通过 BIM 与 RFID 等定位技术的集成，实现了施工现场工人实时安全监测与预警[21]。图 3 展示了施工现场工人实时定位系统框架，其中 BIM 提供了施工现场信息（包括危险源），定位模块提供了工人实时空间位置，预警模块则通过现场信息与工人位置信息的集成，实时分析工人所处的安全状态，并进行实时预警与安全记录。

总的来看，RFID 主要从微观角度实时识别施工现场的安全隐患，而基于 BIM 和 4D 技术的系统则从较为宏观的角度完成危害识别、安全措施制定和安全控制。相比而言，基于 BIM 和 4D 技术的系统由于信息完备性和可视化的特点，在安全措施制定和安全控制上具有更大的优势，而在现场危险识别上则并未显示出明显优势。因此，将 BIM、4D、RFID 等技术的集成应用，是现场安全管理发展的方向。尽管在这方面已进行了相关研究，但还处于探索阶段。

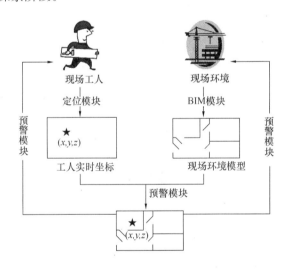

图 3　现场工人实时定位预警系统架构

5　BIM 与运维安全管理

在建筑后期维护阶段，材料和设备的选择不适当可能导致建筑出现安全问题，而不完善的维修方案可能对维修人员造成危害。在 Guo 等从事的一项基于 VP 的全生命周期管理研究中，提出 VP 或 BIM 在建筑维护阶段同样可以发挥很大的作用[22]。VP 建立的主模型（即 BIM 模型）可给维护人员提供建筑各构件及设备的可视化信息和属性信息（如材料、供应商、地址等）。这对于一些非典型性的建筑物尤其重要（如体育场）。建筑图纸由于数量大且难以保存，通常在 5～10 年后，图纸就会出现丢失和损坏的情况。虽然现在很多电子版的图纸（如 CAD 图）可以存档，但这些 2D 图纸对于维护人员来说不利于理解。而 BIM 模型则可以辅助维护人员方便地进行维修维护工作。而模型集成的属性信息则可以帮助维护人员更好地选择相关维修材料和设备等。维护人员只需用鼠标移动到某一构件即可获取它的相关信息，可见该操作平台的易操作性。

另外，在运维阶段，可充分利用 BIM 模型的信息，对维修维护方法进行模拟分析，以检测维护方案的可行性、识别维修过程中的安全隐患。基于此，维修维护人员可以清晰了解如何进行维护工作并减少相关的维护风险和费用，提高运维安全管理水平。

可以说，BIM 等相关技术有潜力支撑建筑项目运维管理，且可以提高其安全管理水平。但现有研究主要从 BIM 相关技术本身进行探索，且没有与现有的运维系统有效集成，系统操作需要专业人士的支持。

6　综合评价及建议

由上述研究可以看出，BIM 在建筑生命周期各个阶段的安全管理中可以发挥相应的作用。尽管很多学者已经在不同层面上对 BIM 辅助安全管理进行了研究，然而多局限于建筑生命周期中的某一个或几个阶段，如表 1 所示，并未形成完整的全生命周期安全管理体系。

为了拓展 BIM 及相关技术在建筑全生命周期安全管理中的综合应用，本研究结合国内外 BIM 与安全管理的研究现状，以及当前建筑业安全管理存在的问题及面临的形势，提出以下研究与应用建议：

（1）BIM 辅助安全管理应从全生命周期的角度思考。BIM 本身支持建筑项目全生命周期管理，在 BIM 应用不断深化的背景下，可探索 BIM 辅助生命周期安全管理的集成化解决方案，以最大化发挥 BIM 的作用。

BIM 与建筑安全管理研究汇总 表1

建筑生命周期各阶段	研究成果	学者
设计阶段	设计对建筑安全的影响	J. A. Gambatese
	基于 BIM 和 4D 技术的 SABIC	Z. Z. Hu 等
	基于 GIS 室内火灾模拟研究	F. Q. Tang, A. Z. Ren
	基于 VR 的防火疏散"游戏"研究	U. Rüppel, K. Schatz
施工前阶段	基于 VP 和 BIM 的施工前规划	A. F. Waly, W. Y. Thabet
	基于 GIS 和 4D 的施工前规划	V. K. Bansal
施工中阶段	基于 BIM 的项目管理培训研究	F. Peterson
	数字化安全培训研究（e-learning）	C. L Ho, R. J. Dzeng
	基于游戏技术的机械操作安全培训	H. L. Guo 等
	基于 RFID 的危害识别系统	H. Yang 等
	基于 RFID 的用于防止重设备冲撞事故的安全管理系统	S. Chae, T. Yoshida
	基于 BIM 和 4D 的危害识别系统	V. Benjaoran, S. Bhokha
	基于 BIM 和 RFID 的工人安全行为预警	郭红领 等
运维阶段	基于 VP 的建筑后期维护管理	H. L. Guo 等

（2）BIM 辅助安全管理应与其他信息技术有机集成。BIM 作为建筑项目信息集成体，提供了基础数据的支持，在模拟技术的支持下集成了施工动态数据。但欲实现安全隐患的有效识别与预防，需要其他信息技术的支持，如 RFID 等。

（3）BIM 辅助生命周期安全管理应与各阶段的现有系统有机集成。当前 BIM 还没有得到有效的普及，如果独立于现有的系统，会导致相关人员无法有效操作与实施。只有充分考虑、融合现有的管理工作习惯，才能将 BIM 有力推进并发挥作用。

（4）BIM 辅助安全管理应充分集成相关安全知识库。例如，设计过程中需考虑设计安全规则等；施工过程中的需要考虑机械操作、临边等安全规则。

7 结论

针对 BIM 等信息技术在建筑业安全管理中的研究与实践，本研究进行了文献综述分析与评价，涉及设计、施工、运维等各阶段。通过研究发现，BIM 及相关技术有较大潜力支持建筑项目生命周期安全管理，如辅助结构安全设计、消防安全设计、施工规划安全分析、施工安全培训、安全隐患动态识别与预警、运维安全管理等，以提高各阶段的安全管理水平。然而，当前研究与实践主要集中于某一个或几个阶段，缺乏从生命周期角度思考安全管理的问题。据此，本研究给出了相关建议，以期望推进 BIM 等信息技术在建筑生命周期各阶段安全管理中的集成应用，实现 BIM 效用最大化。

参考文献

[1] 赵挺生，卢学伟，方东平. 建筑施工伤害事故诱因调查统计分析. 施工技术，2003，32(12)：54-55.

[2] W. Zhou, J. Whyte, R. Sacks. Construction safety and digital design：A review. Automation in Construction, 2011，22：102-111.

[3] 李恒，郭红领，黄霆，陈镜源，陈景进. BIM 在建设项目中应用模式研究. 工程管理学报，2010，5：525-529.

[4] J. A. Gambatese, M. Behm, S. Rajendran. Design's role in construction accident causality and prevention：Perspectives from an expert panel. Safety Science, 2008，46：675-691.

[5] G. Lee, H. K. Park, J. Won. D3 City project - Economic impact of BIM-assisted design validation. Automation in Construction, 2012，22：577-586.

[6] Z. Z. Hu, J. P. Zhang, Z. Y. Deng. Construction process simulation and safety analysis based on building information model and 4D technology. Tsinghua Science and Technology, 2008，13(S1)：266-272.

[7] F. Q. Tang, A. Z. Ren. GIS-based 3D evacuation simulation for indoor fire. Building and Environment, 2012，49：193-202.

[8] U. Rüppel, K. Schatz. Designing a BIM—based serious game for fire safety evacuation simulations. Ad-

vanced Engineering Informatics，2011，25（4）：
600-611.

[9] R. Sacks, M. Treckmann, O. Rozenfeld. Visualization of work flow to support lean construction. Journal of Construction Engineering and Management，2009，135(12)：1307-1315.

[10] V. K. Bansal. Application of geographic information systems in construction safety planning. International Journal of Project Management，2011，29：66-77.

[11] A. F. Waly , W. Y. Thabet. A virtual construction environment for preconstruction planning. Automation in Construction，2002，12：139-154.

[12] T. Huang, C. W. Kong, H. L. Guo, A. Baldwin, H. Li. A virtual prototyping system for simulating construction processes. Automation in Construction，2007，16(5)：576-585.

[13] H. Li, H. L. Guo, M. J. Skibniewski, M. Skitmore. Using the IKEA model and virtual prototyping technology to improve construction process management. Construction Management and Economics，2008，26(9)：991-1000.

[14] C. L. Ho, R. J. Dzeng. Construction safety training via e-Learning：Learning effectiveness and user satisfaction. Computers & Education, 2010, 55：858-867.

[15] F. Peterson, T. Hartmann, R. Fruchter, M. Fischer. Teaching construction project management with BIM support：Experience and lessons learned. Automation in Construction，2011，20：115-125.

[16] H. L. Guo，H. Li，G. Chan，M. Skitmore. Using game technologies to improve the safety of construction plant operations. Accident Analysis and Prevention，2012，48，204-213.

[17] D. H. Ambrose , J. R. Bartels, A. J. Kwitowski, S. Gallagher, T. R. Battenhouse. Computer simulations help determine safe vertical boom speeds for roof bolting in underground coal mines. Journal of Safety Research，2005，36(4)：387-397.

[18] H. J. Yang, D. A. S. Chew, W. W. Wu, Z. P. Zhou, Q. M. Li. Design and implementation of an identification system in construction site safety for proactive accident prevention. Accident Analysis and Prevention，2011，48：193-203.

[19] S. Chae, T. Yoshida. Application of RFID technology to prevention of collision accident with heavy equipment . Automation in Construction，2010，19：368-374.

[20] V. Benjaoran, S. Bhokha. An integrated safety management with construction management using 4D CAD model. Safety Science，2010，48(3)：396-403.

[21] 郭红领，刘文平，张伟胜．集成 BIM 和定位技术的工人不安全行为预警系统研究．中国安全科学学报．2014，24(4)：104-109.

[22] H. L. Guo, H. Li, M. Skitmore. Life-cycle management of construction projects based on Virtual Prototyping technology. Journal of Management in Engineering，2010，26(1)：41-47.

基于 BIM 的工程质量管理国外研究现状综述

高志利[1]　　祝连波[2]

（1. 北达科他州立大学施工管理与工程系，美国北达科他州，58108；

2. 兰州交通大学土木工程学院，兰州，730070）

【摘　要】　在国外，BIM 技术已广泛应用于建设工程项目管理的各个方面，尤其是工程进度和成本管理的研究，而用于质量管理的研究相对较少。而国内对于基于 BIM 的质量研究的需求是巨大的。论文采用文献综述法，分析了国外学者对 BIM 在工程质量管理方面的有限研究进展，这些研究进展主要体现在工程可视化、精益施工及 BIM 与各类技术的集成应用于工程质量管理等方面。通过综述分析总结了目前的研究现状，提出了未来的研究方向。

【关键词】　建筑信息模型；工程质量管理；研究综述

An Overview of Current Research on BIM-Based Project Quality Management

Gao Zhili[1]　　Zhu Lianbo[2]

（1. Department of Construction Management & Engineering, North Dakota State University, Fargo, ND, USA 58108;

2. School of Civil Engineering, Lanzhou Jiaotong University, Lanzhou 730070）

【Abstract】　In many countries, Building Information Modeling (BIM) technology has been widely used in various aspects of project management, especially in project scheduling and cost management, but little in quality management. However, BIM-based quality management and control is highly desired in China. This paper analyzes current, limited research on applying BIM in quality management by conducting a literature review. The research area mainly focuses on construction visualization, lean construction and integration of BIM with other technologies. The review summarizes the current research status and progress of BIM-based quality management, and points out the recent research trends and the future direction of BIM technology.

【Key Words】　Building Information Modeling; project quality management; BIM literature review

国外在工程管理领域内的研究涉猎非常广泛，但主要集中在施工材料与方法，合同与项目交付方式，成本，进度，信息技术，劳动力与人员问题，组织管理问题，风险，项目计划与设计，质量，安全，以及可持续施工等十几个研究领域中。而这其中的信息技术一项，又常常和其他领域相结合，往往发展需求和技术支持间相互促进。若从对工程管理乃至对整个建筑工业界（包括勘察、设计和施工）的整体影响看，信息技术中的重中之重，可以基本肯定地说，是近十几年间革命性数字设计和建造浪潮的形成和完善。而数字设计和建造的核心乃是建筑信息模型，即 Building Information Modeling (BIM)。近年来，国外学者对 BIM 技术的研究和应用广泛而有深度，尤其在建设项目施工阶段进度管理和成本管理方面的研究，已取得丰硕成果。但在这些研究中，工程管理中各个环节的最终体现和落脚点——质量，却是成果最少的。这个事实不但存在于基于 BIM 的质量研究，同样存在于传统的质量研究中。可以说在国外的研究中，这是一个非常薄弱的领域。

而国内对于质量方面的研究需求，由于种种原因，却是巨大的。"百年大计，质量第一"的提出、被关注和持续被重视，体现出来的恰恰是其背后存在的低劣工程质量所造成的房倒、桥塌、路陷，以及大大缩短的建筑物正常使用寿命。这种需求，不仅仅是在传统的设计、施工和材料质量方面，更多的是在人的因素和技术因素之间寻求一种更为有力的控制流程，和一种更为简化的控制模式，以便最大限度地减少人的因素对质量的影响。而满足这种控制流程和模式的需求，恰恰是 BIM 所长。所以，集中精力对 BIM 在建筑质量方面的应用进行研究，不仅是对国内关注建筑工程质量的需求的满足，同时又是对国外基于 BIM 的质量研究的薄弱和不足加以填充和增强，以期在整个 BIM 研究领域中占有一席高地。

写作本文的主要目的，是将国外为数不多的基于 BIM 的工程质量方面的研究中取得的一些进展加以梳理，以供国内学者在确定有关研究方向时参考。

1 国外工程质量管理体系特点

国外对于质量和基于 BIM 的质量研究较少，是因为它的质量管理体系的特殊性以及由其衍生出的较低质量研究需求，换言之，是因为它的建筑质量问题相对较少。在此，笔者认为有必要对国外的质量管理体制作一简介，但各个国家的体系不同，本文仅以美国为例。

美国是一个法治国家，很多时候政府并不参与质量的监督，而是由专业人士或机构对质量进行监督。政府和行业通过制定严格的法规和条例来规范建筑各方的设计和施工行为，然后就按市场规律办事，实行优胜劣汰。劣者不但不能生存，而且会得到无处可逃的法律追责。其实，美国对建筑质量的控制和保证重点不是在施工阶段，而是在计划和设计阶段。严格而具体的设计规范和设计师的职业操守确保了设计各结构部件的构成、建筑材料功能详细要求说明的准确性。而施工阶段就仅仅剩下了符合设计要求这一条。而这一条是由代表各方和各种机构的检查员来保证的。这些检查员来自强大的美国工程技术和管理咨询业，不隶属任何部门，但有着严格的行业协会组织管理其注册执业和职业道德，具有独立性和公正性。一个工程一旦出现质量问题，代价是巨大的。所以一些在国内出现的质量问题，在国外出现的几率很少。这就造成了质量研究方面的缺失。近年来，基于 BIM 的质量研究成果可简单概括为工程可视化、精益施工及各类技术与 BIM 系统的结合，具体分析如下。

2 基于 BIM 可视化技术的工程质量管理研究

BIM 可视化技术用于工程质量管理主要体现在工程进度可视化、工程现场信息动态可视化及工程材料供应可视化监控等方面。2008 年，Bansal, V. K. 和 Pal, Mahesh 在地理信息系统（GIS）和建筑信息模型软件的辅助下[1]，建立工程施工进度的评价和可视化系统，帮助管理者快速地理解施工规划，发现进度方案中的逻辑错误。Elbeltagi, Emad 和 Dawood, Mahmoud 提出应用 BIM 和 GIS

构建施工现场可视化模型[2]，用于有时间限制的重建工程，该模型以 GIS 为工具提供大量的工程现场动态信息，帮助决策者做出正确的决策。2013年，Irizarry，Javier 和 Karan，Ebrahim P 等提出基于 BIM 和 GIS 的建筑供应链可视化系统[3]，该系统有助于追踪施工资源的供应链状态并提供预警信号，以确保材料及时供应。

3 基于 BIM 的精益施工研究

BIM 用于精益施工的研究，成果相对丰富些，主要体现为探索 BIM 与精益施工间相互关系的研究。2009 年，Sacks，R. 等采用文献分析法[4]，编制了详细的精益施工原则和 BIM 功能清单，并提出了精益施工和 BIM 相互作用促进施工的概念分析框架，该框架将促进两者间关系的研究。2010年，Sacks，R. 等认为 BIM 与精益施工对建筑业有着深远的影响[5]，通过 BIM 功能矩阵，识别了 BIM 与精益施工有 56 个相互作用，除了 4 个以外，其余均可代表两者对施工的相互影响，施工管理人员、项目经理、设计师和信息系统开发人员可把该矩阵作为一个辅助工具去识别两者间潜在的协同效应。2010 年，Sacks，R. 等分析了应用 BIM 可视化工作流系统进行精益施工的需求[6]，该需求包括保持工作流稳定性，促进项目成员间的沟通和交流，精益施工规划及可视化流。2010 年，Enache－Pommer 以一个健康中心项目交付为例[7]，提出把绿色原则、精益施工原则及 BIM 集成的模型，为项目在规划和设计阶段减少损失，降低浪费提供有效的管理手段。2010 年，Gerber，D. J 通过分析三个案例[8]，探索了 BIM 与精益施工的关系，尤其是研究了从设计、建设到使用阶段 BIM 如何促进精益实施，如通过应用 BIM 技术进行自动创建工作包、资源平衡、价值规划等。2012年，Oskouie，P. 通过构建一个精益施工与 BIM 功能相互作用矩阵[9]，研究 BIM 功能与精益施工相互作用的新关系，并构建了新的相互作用矩阵，分析 BIM 和精益施工如何影响项目的进度、成本和价值。

4 BIM 与其他技术结合提高工程质量管理研究

相对于前两个方面的研究，更多的学者试图把激光扫描、无线射频技术与 BIM 技术集成，探索应用这些技术提高工程质量管理的方法。2006 年，Su，Y. 通过采用三维激光扫描技术[10]，准确搜集施工现场的建设信息，这些信息能够精确反映施工现场情况，而且为工程施工提供更多需要的信息。2009 年，Hajian，H. 等回顾了 3D 激光扫描、无线射频技术在建筑业的研究现状[11]，然后探讨了这些技术的潜在应用，建议将这些技术与 BIM 技术集成，以提高建筑业生产效率。2010 年，Tang，P. B. 等学者用文献综述法[12]，回顾了土木工程和计算机科学中，可用于自动生成竣工项目建筑信息模型的技术，并把这些技术细分为三个核心操作：几何建模、物体识别及物体关系建模，然后论文分析了每个操作的最先进的方法，而且讨论了这些方法对竣工项目自动建模的潜在应用。2011 年，Randall，T. 认为激光扫描应用在项目上[13]，对项目决策是重要的，论文分析了在项目全生命周期中，工程施工对激光扫描和 BIM 集成的需求，提出了基于三维模型设计基本原理的集成应用激光扫描技术的框架。Bosche 和 Frederic 为项目三维激光扫描点云数据概略匹配提出一个新颖的半自动化的基于平面的匹配系统[14]，该系统从激光扫描的点云和项目的三维或四维模型中提取平面，论文研究了两种点云数据提取方法，一种是全自动的，另一种是半自动的一键式随机抽样提取法。Giel，B. 等应用激光扫描已竣工项目评价 BIM 模型的准确性[15]，论文基于一个大学竣工项目的二维资料，创建了三维的竣工项目 BIM 模型，然后应用该案例中建筑物某个区域的点云数据评价 BIM 模型的准确性及更新 BIM 模型的价值。2012 年 Liu，X. 等用案例分析了使用激光扫描仪和照相机获取施工过程信息的方法[16]，以及获得更完整的竣工项目 BIM 模型的方法，论文详细描述了研究背景及研究方法，总结了这方面的研究经验并提出未来研究的建议。Martínez，J. 认为提取建筑物立面的非结构化点云特征数据是一项挑战性工作[17]，尤其在噪声较高的地方，点云分割是非常关键的，论文介绍了一种主动处理立面激光扫描数据的方法，该方法能够成功地应用在建筑分割及提取建筑物平面特征数据方面。Tang，P. B. 等学者用一个案例说明从三维点云数据自动提取桥梁检测数据工作流的必要性和潜在价值[18]，而且为自动生成工作流，提出了有效的方法。为了得到桥梁检测相关的检测目标，分析了三维点云和竣工项目模型手工测量的过程。2013 年，Xiong，X. H. 等认为[19]，从激光扫描数据转换为建筑信息模型，大多依赖手工操作，而且这个转换过程是劳动密集型的，且易出错的，故论文提出一种自动把激光扫描数据转换为建筑信息模型的方法，并用工程实例进行方法有效性论证。

5 结论

通过对以上文献分析可以看到，尽管目前对将 BIM 技术应用到工程项目质量管理的研究数量上不多，但却是可行的。目前的研究主要集中在探索施工阶段应用 BIM 模型的三维显示优势，实时展示工程项目质量状态等方面，而对已显示的信息如何进行进一步的分析、处理及有效利用，如根据质量状态数据判断工程质量等级进而预报质量事故的风险信号，为决策者采取风险应对策略的提供参考的研究相对较少。这也同时给国内的研究者提供了一种方向。

参考文献

［1］ Bansal，V. K.；Pal，Mahesh. Generating，evaluating，and visualizing construction schedule with geographic information systems［J］. Journal of Computing In Civil Engineering，2008，22(4)：233-242.

［2］ Elbeltagi，Emad；Dawood，Mahmoud. Integrated visualized time control system for repetitive construction projects［J］. Automation in Construction，2011，20(7)：940-953.

［3］ Irizarry，Javier；Karan，Ebrahim P.；Jalaei，Farzad. Integrating BIM and GIS to improve the visual monitoring of construction supply chain management［J］. Automation in Construction，2013，31(1)：241-254.

［4］ Sacks，R. a.，et al. Analysis framework for the interaction between lean construction and Building Information Modelling［C］. 17th Annual Conference of the International Group for Lean Construction，2009：221-234.

［5］ Sacks，R.，et al. Interaction of Lean and Building Information Modeling in Construction［J］. Journal of Construction Engineering and Management-ASCE，2010，136(9)：968-980.

［6］ Sacks，R.，et al. Requirements for building information modeling based lean production management systems for construction［J］. Automation in Construction，2010，19(5)：641-655.

［7］ Enache-Pommer，E.，et al. A unified process approach to healthcare project delivery：Synergies between greening strategies，lean principles and BIM［C］. Innovation for Reshaping Construction Practice-Proceedings of the 2010 Construction Research Congress，2010：1376-1385.

［8］ Gerber，D. J.，et al. Building information modeling and lean construction：Technology，methodology and advances from practice［C］. 18th Annual Conference of the International Group for Lean Construction，IGLC，2010，18：683-693.

［9］ Oskouie，P.，et al. Extending the interaction of building information modeling and lean construction［C］. 20th Conference of the International Group for Lean Construction，IGLC 2012：1-10.

［10］ Su，Y. Y.，et al. Integration of construction as-built data via laser scanning with geotechnical monitoring of urban excavation［J］. Journal of Construction Engineering and Management ASCE，2006，132(12)：1234-1241.

［11］ Hajian，H. and B. Becerik-Gerber. A research outlook for real－time project information management by integrating advanced field data acquisition systems and building information modeling［C］. Proceedings of the 2009 ASCE International Workshop on Computing in Civil Engineering，2009：83-94.

［12］ Tang，P. B.，et al. Automatic reconstruction of as-built building information models from laser-scanned point clouds: A review of related techniques [J]. Automation in Construction 2010,19(7): 829-843.

[13] Randall, T. Construction Engineering Requirements for Integrating Laser Scanning Technology and Building Information Modeling[J]. Journal of Construction Engineering and Management-ASCE, 2011, 137(10): 797-805.

[14] Bosche, Frederic. Plane-based registration of construction laser scans with 3D/4D building models [J]. Advanced Engineering Informatics 2011, 26(1): 90-102.

[15] Giel, B. and R. R. A. Issa. Using laser scanning to access the accuracy of as-built BIM[C]. 2011 ASCE International Workshop on Computing in Civil Engineering; Miami, FL, 2011: 665-672.

[16] Liu, X., et al. Developing As-built Building Information Model Using Construction Process History Captured by a Laser Scanner and a Camera[C]. Construction Challenges in a Flat World, Proceedings of the 2012 Construction Research Congress, 2012: 1232-1241.

[17] Martínez, J., et al. Automatic processing of Terrestrial Laser Scanning data of building fa ades[J]. Automation in Construction, 2012. 22(2): 298-305.

[18] Tang, P. B. and B. Akinci. Formalization of workflows for extracting bridge surveying goals from laser — scanned data [J]. Automation in Construction, 2012, 22(2): 306-319.

[19] Xiong, X. H., et al. Automatic creation of semantically rich 3D building models from laser scanner data [J]. Automation in Construction [J]. 2013, 31: 325-337.

行业发展

Industry Development

建筑业上市公司财务质量分析与评价

王孟钧　李香花　杨艳会

（中南大学土木工程学院，长沙　410083）

【摘　要】　上市公司财务质量是公司对各种财务资源的管理与利用效率的集中体现，是企业财务效果能满足利益相关方需求的程度，也是企业竞争力的货币量化。本文针对建筑业上市公司的特点，从盈利性、成长性和安全性三个方面提炼建筑业上市公司财务质量评价指标体系，并借助国泰安（CSMAR）数据库与新浪财经等数据资源，运用因子分析法，对我国建筑业上市公司2013年度财务质量进行分析与评价，得出影响财务质量的主要因素。为建筑业上市公司优化财务竞购、改善经营、调整目标提供借鉴，也为建筑业的广大利益相关方提供决策参考。

【关键词】　财务质量；因子分析；建筑业；上市公司

Analysis and Evaluation the Financial Quality of Construction Listed Companies

Wang Mengjun　Li Xianghua　Yang Yanhui

(The Civil Engineering Shool，Central South University，Changsha 410083)

【Abstract】　Financial quality of listed companies centrally reflects how to manage and utilize all kinds of financial resources. It also reflects that corporate financial results can meet the needs of stakeholders，and the currency quantify of enterprise competitiveness. According to the characteristics of construction listed companies，the financial quality evaluation index system of construction listed companies is summarized in three aspects：profitability，growth and safety. By collecting data from CSMAR datebase and Sina financial web，and using the factor analysis method，the financial qualities of construction listed companies of China in 2013 were evaluated and ranked，the main factors which affect the financial quality were also concluded. This paper not only provides a reference for the construction listed companies to optimize financial bid，improve operation，adjust the target，but also provides a reference for the stakeholders of the construction industry to make decision.

【Key Words】　financial quality；factor analysis；the construction industry；listed company

1 引言

近年来随着经济的飞速发展，我国城市化进程加速，建筑业作为我国国民经济的重要支柱产业，在经济社会发展中的地位得到不断提升。但自2011年第四季度开始，由于受到欧洲债务危机和国内经济转型的影响，国内固定资产投资增速从30%左右急速下跌至20%以下，建筑业总产值及利润总额增速也相应急剧下跌。国家为应对经济下滑，从2012年第二季度开始，重新加大了固定资产投资力度，使宏观经济逐渐企稳，但建筑行业增速已经明显放缓，整体趋近平稳发展阶段。建筑业上市公司作为建筑行业发展的领头军，对国家政策极为敏感，从2013年财务数据来看，虽然净资产收益率和净利润率指标相对平稳，但资产负债率和现金流均不容乐观。财务质量是公司资源与财务经营管理效率的最终体现。客观评价建筑业上市公司财务质量，有利于建筑业上市公司改善财务结构，调整财务目标，提升建筑业企业投融资决策效率，从而促进建筑业健康发展。本文运用因子分析法对我国A股市场的建筑业上市公司的财务质量进行系统分析与综合评价，为建筑业企业的利益相关者厘清行业坐标提供决策参考，并对沪深A股建筑业65家上市公司财务质量进行综合排序。

2 财务质量内涵

建筑业上市公司竞争力是综合实力的反映，是建筑业上市公司运用各种资源所产生的效果，可以用各种能力加以概括；建筑业上市公司经营绩效则是投入与产出之间对应关系，以及预期目标实现情况的综合反映；因此，建筑业上市公司不论是竞争力还是经营绩效可理解为对各种资源管理与利用的总体状况。由于建筑企业资源的多样性，财务资源是各项其他资源的集中反映。财务资源的利用效率不仅对整个企业价值提升具有现实意义，而且对建筑企业经营运转的各个方面起关键作用。财务作为企业管理的核心内容，财务质量的好坏会影响到企业的稳定发展与可持续经营。

财务质量是指企业通过合理和有效地配置及管理所拥有的财务资源，使其产生的财务效果能满足利益相关者需求的程度。目前，对建筑业上市公司财务资源方面的研究侧重于财务风险研究，而利益相关者的风险规避意识和逐利本质均可以通过财务质量得以反映。因此，财务质量评价有助于建筑业上市公司全面管理财务资源，提升企业投融资决策效率。

3 建筑业上市公司财务质量评价指标体系

目前，我国上市公司对外公布并通过CSMAR数据库可以检索的财务指标主要有上市公司盈利能力、短期偿债能力、长期偿债能力、营运能力、风险水平、股东获利能力、现金流量能力和发展能力等八个主要方面，如表1所示。

上市公司财务指标 表1

指标分类	指标名称
盈利能力指标	营业毛利率、营业收入净利润率、流动资产净利润率、固定资产净利润率、边际利润率、股东权益净利润率、资产报酬率、总资产净利润率
短期偿债能力指标	流动比率、速动比率、保守速动比率、现金比率、营运资金比率、营运资金对资产总额比率、营运资金对净资产总额比率、营运资金
长期偿债能力指标	资产负债率、所有者权益比率、固定资产比率、股东权益对固定资产比率、权益对负债比率、有形净值债务率、利息保障倍数、息税摊销前利润与债务比
营运能力分析指标	应收账款周转率、存货周转率、营运资金周转率、流动资产周转率、固定资产周转率、长期资产周转率、总资产周转率
风险水平指标	财务杠杆系数、经营杠杆系数、综合杠杆系数

续表

指标分类	指标名称
股东获利能力指标	每股收益、每股净资产、市净率、市销率、市盈率、留存收益率、普通股获利率
现金流量能力指标	每股经营活动现金净流量、每股现金净流量、自由现金流
发展能力指标	资本保值增值率、资本积累率、固定资产增长率、总资产增长率、净利润增长率

　　盈利能力指标主要从公司经营收益、资产形态与收益的关系上探究各类财务资源的盈利能力；股东获利能力指标侧重于净资产与收益的比例关系分析；二者侧重点不同，但具有一定的相通性。短期偿债能力指标则从资产的流动性与营运资金与资产相对量上展开探讨；长期偿债能力主要依据资本结构关系和资产对债务的保障程度来分析；任何行业都是盈利与风险并存的，上述风险指标主要探究固定经营成本与利息开支对企业运营与收益的影响，从而判断企业面临的风险；营运能力指标主要从各项资产的运营周转或置换速度上反映其能力强弱；现金流是企业生存发展的命脉，现金流量能力则从经营活动与资本量关系上进行分析。企业持续经营除了需要资金流源源不断之外，还必须保证资本的保值增值能力，从而促进企业由小到大、由弱到强的发展历程。发展能力指标则满足企业发展与资本积累的要求。上述财务评价指标体系是针对所有的上市公司而言，不同行业则根据不同的行业特色选取相应的评价指标。

　　建筑业上市公司具有经济性与盈利性并存、劳动密集与资源消耗大相伴、政策与生态环境敏感等特征，建筑业上市公司的财务应具备盈利与资本规模相当、偿债与抗风险一致、运转与成长相伴等特点，才能满足企业经营与发展需求。由于建筑企业所处的产业链复杂，利益相关者众多，为最大可能地满足利益相关者要求，必须对企业财务的盈利质量、抗风险质量与运营成长质量等方面展开分析。盈利质量要求在保证资产与业务盈利的同时，高效的运营是盈利的重要保障，一方面经营收入是盈利的基本来源，固定资产规模、营运资金量及合理的商业信用获得营业收入的前提；另一方面盈利的水平依据利润与总资产、总收入比例关系得以反映。同样，成长性除了收入增长与市场份额扩大之外，还从资本总量增长、权益资本增长来探讨。安全性质量包括偿债质量和企业抗风险能力进行反映。为了减少单量指标的重叠，本文中的财务质量评价指标主要从盈利性、成长性和安全性三个维度，盈利、偿债、运营、成长和抗风险五个方面选取了十五项指标为作为基础指标，如表2所示。

建筑业上市公司财务质量评价指标体系　　　　表2

指标	分类	一级指标	二级指标及形成
建筑业上市公司财务质量评价指标	盈利性	盈利水平指标	总资产报酬率＝（利润总额＋利息支出）/平均总资产
			营业收入净利润率＝营业利润/全部业务收入
			每股收益＝年总收益/流通股数
		运营效率指标	固定资产周转率＝经营收入/平均固定资产净值
			应收账款周转率＝经营收入/平均应收账款余额
			营运资金周转率＝营业收入/（流动资产－流动负债）
	成长性	成长潜力指标	营业收入增长率＝营业收入增长额/上年营业收入总额
			总资产增长率＝资产增长额/期初的总资产额
			资本积累率＝（期末股东权益－期初股东权益）/期初股东权益
	安全性	偿债质量指标	资产负债率＝负债总额/资产总额
			流动比率＝流动资产合计/流动负债合计
			营运指数＝经营活动现金净流量/经营所得现金
		抗风险能力指标	利息保障数＝（息税前利润＋利息费用）/利息费用
			综合杠杆系数＝净利润变化率/主营业务收入变化率
			市盈率＝股票的价格/每股收益

盈利水平指标：总资产报酬率、营业收入净利润率、每股收益。前两者分别从资产与运营的角度反映企业的获利情况及资源运用效率，后者反映税后利润与股本总量的关系，从股东的角度来评价企业的盈利情况。建筑企业收益滞后性，需求的沉淀成本高昂，因此，一方面从总资产规模报酬和市场运营效率上反映盈利水平，又要求从净资产角度反映盈利能力，以便从市场上吸引更多的优质资源。

运营效率指标：应收账款周转率、固定资产周转率、营运资金周转率，因建筑业上市公司的存货较少，而在当前形势下带资进场、垫资建设的情况普遍存在，应收账款成为建筑企业资金链的重要环节，固定资产规模是建筑业上市公司占有市场的基本条件，而营运资金是企业正常运转的基本保障，上述三项指标从资本规模与资金链的流动性来反映企业的周转能力，为防止指标重叠，总资产周转率暂未纳入运营效率分析。

成长潜力指标：营业收入增长率、总资产增长率、资本积累率，营业收入增长率主要从市场占有与扩张上反映企业成长性，后面两个指标主要从总资产规模扩大与自有资本原始积累来反映企业的成长。这三项指标反映企业货币资金到固定资产与股东权益的累计变化，也符合企业成长的客观规律。

偿债质量指标：资产负债率、流动比率、营运指数。资产负债率、流动比率是从资本构成角度反映企业长、短期的偿付能力。资产负债率越高，说明企业占有较多的低成本的长期债务，流动比率说明每单位流动负债有多少单位流动资产作为还款保证，该指标较高则说明企业短期偿付能力较强，可以防范一定的风险。营运指数则是从企业动态运营角度反映企业偿付能力。杠杆原理解释了适当负债可以提升企业的经营效率，转移部分经营风险。合理的利用资本结构与运营理论，可以提升企业财务质量，促进企业更快速实现资本的原始积累与发展。

抗风险指标：利息保障倍数、综合杠杆系数、市盈率。利息保障倍数是从企业债权人角度分析其面临的风险，市盈率和综合杠杆系数是所有的利益相关方临的市场风险和系统风险状况。建筑业负

债经营成为不争事实，在合理负债的基础上实现有效的风险分担是建筑业现有企业制度研究的重要内容，因此将风险防范水平作为财务质量评价的重要环节。

4 建筑业上市公司财务质量评价方法

目前对财务质量的评价方法主要有杜邦分析及其改进方法，层次分析法、熵值法、灰色关联法、因子分析法。其中，因子分析法较为成熟，它能使系统产生的分析结果不受主观因素的影响。本文采取因子分析法来进行建筑业上市公司财务质量评价研究。

4.1 因子分析法的基本思路

因子分析是研究以最少的信息丢失为前提，从变量群中提取较少的几个综合共性因子的统计方法。该方法可在许多变量中找出隐藏的具有代表性的因子（公共因子），用公共因子代替原有观测指标，从而可减少变量的数目，还可检验并解释变量间相关关系，识别数据中潜在的不能直接观察的信息。其关键点是通过系数矩阵分析与公共因子提取实现综合分析评价。

4.2 因子分析法的步骤

第一步，建立因子分析模型，如式（1）。

$$\begin{cases} x_1 = a_{11}f_1 + a_{12}f_2 + \cdots + a_{1m}f_m + \varepsilon_1 \\ x_2 = a_{21}f_1 + a_{22}f_2 + \cdots + a_{2m}f_m + \varepsilon_2 \\ \vdots \\ x_p = a_{p1}f_1 + a_{p2}f_2 + \cdots + a_{pm}f_m + \varepsilon_p \end{cases} \quad (1)$$

简记为：$X = AF + \alpha\varepsilon$，其中，$F = [f_k]$ 为因子变量公共因子，A 为因子载荷阵矩阵，$A = [a_{ij}]$，a_{ij} 为因子载荷，是第 i 个原有变量在第 j 个因子变量上的负荷。ε 为特殊因子，表示原有变量不能被因子变量所解释的部分，相当于多元回归分析中的残差部分，k，$i = 1, 2, \cdots, m$；$j = 1, 2, \cdots, p$。

第二步，因子分析法适应性检验。

使用因子分析法有一个前提，即原有的变量之间需要存在较强的关联性，这样才能对原有变量进

行聚合，从而得到公共因子，如果变量之间无较强的关联性，则无法使用因子分析法达到降维的目的。因此在进行因子分析之前必须先判断研究样本是否适合进行因子分析。常用的检验方法有以下几种。

（1）计算相关系数矩阵：

计算原有变量的简单相关系数矩阵并进行统计检验。观测相关系数矩阵，如果相关系数矩阵中大部分相关系数值均小于 0.3，各个变量间大多为弱相关，原则上这些变量是不适合进行因子分析的。

（2）巴特利特球度检验：

巴特利特球度检验（Bartlett Test of Sphericity）以原有变量的相关系数矩阵为出发点，其原假设是：相关系数矩阵是单位阵。巴特利特球度检验的检验统计量根据相关系数矩阵的行列式计算得到，且近似服从卡方分布。如果该统计量的观测值比较大，且对应的概率 P 值小于给定的显著性水平 α，则应拒绝原假设，认为相关系数矩阵不太可能是单位阵，原有变量适合作因子分析；反之，原有变量不适合作因子分析。

（3）KMO 检验：

KMO 检验（Kaiser-Meyer-Olkin）统计量是用于比较变量间简单相关系数和偏相关系数的指标，数学定义为：

$$KMO = \frac{\sum\sum_{i\neq j} r_{ij}^2}{\sum\sum_{i\neq j} r_{ij}^2 + \sum\sum p_{ij}^2} \qquad (2)$$

KMO 统计量的取值在 0～1 之间。当所有变量间的简单相关系数平方和远大于偏差相关系数平方和时，KMO 值就接近 1，意味着变量间的相关性越强，原有变量越适合作因子分析。Kaiser 给出了利用 KMO 值判断是否适合做因子分析的等级：0.9 以上表示非常适合；0.6 以上表示比较适合；0.5 以下表示不适合。

第三步，求 R 的特征根及相应的单位特征向量。

将原有变量数据进行标准化处理后，计算变量的简单相关系数矩阵 R，求 R 的特征根以及对应的标准正交化特征向量，分别记为 $\lambda_1 \geqslant \lambda_2 \geqslant \cdots \geqslant$

λ_p 和 $\mu_1, \mu_2, \cdots, \mu_p$。确定因子数有三种方法：①根据特征值 λ_i 确定因子数。选取特征值大于 1，或大于某一设定值；②用 SPSS 软件可绘制特征值个数与特征值的碎石图，通过观察碎石图确定因子数。③根据因子的累计方差贡献率确定因子数。通常选取累计方差贡献率大于 0.85 时的特征值个数为因子个数 m。提取前 m 个特征根及相应的特征向量，估计因子载荷矩阵 A，见式（3）。

$$A = (\sqrt{\lambda_1}\mu_1, \sqrt{\lambda_2}\mu_2, \cdots, \sqrt{\lambda_m}\mu_m) \qquad (3)$$

第四步，对 A 进行最大方差正交旋转。

正交旋转方式通常有四次方最大法（Quartimax）、最大方差法（Varimax）和等量最大法（Equamax），本研究以最大方差法进行正交旋转。旋转后的因子载荷阵结构简化，赋予公因子意义，进而对实际问题进行解释。因子载荷小的变量将从该因子中删除，一般的标准为：载荷量小于 0.5 为临界值。

第五步，计算各因子得分与综合因子得分。

通过因子得分函数（式 4），算出每个公因子的大小，可以了解每个因子在模型中的地位，更有利于描述研究对象的特征。然后依据公因子的得分计算每个变量因子综合得分，如式（5）所示。

$$\hat{F}_j = \beta_{j1}X_1 + \beta_{j2}X_2 + \cdots + b_{jp}X_p \qquad (4)$$

$$\hat{F} = W_1\hat{F}_1 + W_2\hat{F}_2 + \cdots + W_m\hat{F}_m \qquad (5)$$

其中，$\hat{F}$ 为综合因子得分，W_1 为各因子的归一化贡献率，$\hat{F}_i$ 为提取出的各公因子得分。

5 实证分析

由于建筑业业务繁杂且多元化，行业归类问题上一直存在争议，建筑业上市公司数量上一直缺乏权威统计。前期专题研究成果主要依据沪深两市年报数据（2013）并参照国家宏观经济分类标准《国民经济行业分类》GB/T 4754—2011 展开，本研究遵循前期研究的基础，以当前沪深两市 A 股市场建筑业板块的 65 家企业作为研究样本，以国泰安数据库（CSMAR）2013 年财务指标为初始数据主要来源，部分指标数据不完整，则以年报数据依据公式计算获得。

第一步，以样本企业的 15 个二级指标作为变量，得到因子分析数据表，将原始数据标准化，记为 $x_{ij}(i=1,2,\cdots,n;j=1,2,\cdots p)$。

第二步，对数据表进行适应性检验，得到检验结果如表 3 所示。

KMO 和 Bartlett 的检验		表 3
取样足够度的 Kaiser-Meyer-Olkin 度量		0.618
Bartlett 的球形度	近似卡方检验	355.884
	df	105
	Sig.	0.000

由 SPSS 软件可得出相关系数矩阵，并导出 KMO 和 Bartlett 的检验结果可知：巴特利特球度检验统计量的观测值为 355.884，相应的概率 P 值接近 0。如果显著性水平 α 为 0.05，由于概率值小于显著性水平，则应拒绝原假设，认为相关系数矩阵与单位阵有显著差异。同时，KMO 值为 0.618，该值大于 0.5，说明所选指标可以进行因子分析。

第三步，提取因子。

根据原有变量的相关系数矩阵，采用主成分分析法提取因子并选取大于 0.9 的特征根，得到表 4。

公因子方差		表 4
指标	初始	提取
营业利润率	1.000	0.745
资产报酬率	1.000	0.843
每股收益	1.000	0.668
流动比率	1.000	0.703
营运指数	1.000	0.583
资产负债率	1.000	0.796
应收账款周转率	1.000	0.790
营运资金周转率	1.000	0.716
固定资产周转率	1.000	0.694
资本积累率	1.000	0.859
总资产增长率	1.000	0.793
营业收入增长率	1.000	0.635
综合杠杆	1.000	0.709
市盈率	1.000	0.903
利息保障倍数	1.000	0.622

表 4 表明：如果对原有的 15 个变量指标采用主成分分析方法提取所有特征值，那么原有变量指标的所有方差都可以被解释，变量的共同度为 1；第二列数据是按设定的特征值大于 0.9 提取的公因子效果较为理想。详见表 5 解释的总方差。

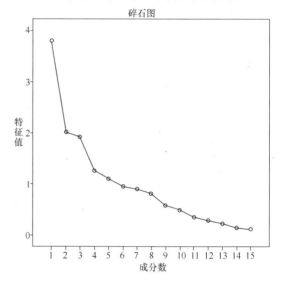

图 1　碎石图

从表 5 和碎石图（图 1）可以看出共提取 6 个因子，累计方差贡献率达到 74%，因子提取效果较优。运用 Kaiser 标准化的正交旋转法，旋转在 11 次迭代后收敛，得到旋转成分矩阵如表 6 所示。

按照最大方差法旋转后的旋转成分矩阵显示，提取的 6 个公因子分别从上市公司财务质量的运营能力、盈利能力、成长能力、偿债能力与抗风险性等方面反映企业的财务质量状况。

第四步，计算各因子得分与综合得分。

依据公式（4）和（5）得到个因子综合得分与排名如表 7 所示。

从表 7 可以看出，综合得分在 1 以上的公司仅有两家，占总体样本公司的比重为 3.1%，这两家公司的综合财务质量最好，分别是北京东方园林股份有限公司和四川路桥建设股份有限公司；得分在 0.5~1 之间的有 4 家，所占比重是 6.2%，这 4 家公司的综合财务质量很好；得分在 0~0.5 之间的有 28 家，所占比重是 43.1%，这 28 家公司的综合财务质量较好；得分在 -0.5~0 之间的 24 家，所占比重是 36.9%，这 24 家公司的综合财务质量一般；得分在 -0.5 以下的有 7 家，属于财务质量较差的公司。

解释的总方差 表5

成分	初始特征值			提取平方和载入			旋转平方和载入		
	合计	方差的%	累积%	合计	方差的%	累积%	合计	方差的%	累积%
1	3.798	25.318	25.318	3.798	25.318	25.318	2.568	17.118	17.118
2	2.024	13.496	38.814	2.024	13.496	38.814	2.190	14.598	31.716
3	1.922	12.812	51.625	1.922	12.812	51.625	2.150	14.330	46.046
4	1.263	8.419	60.044	1.263	8.419	60.044	1.551	10.340	56.386
5	1.098	7.323	67.368	1.098	7.323	67.368	1.370	9.130	65.516
6	0.954	6.363	73.731	0.954	6.363	73.731	1.232	8.215	73.731
7	0.899	5.991	79.722						
8	0.809	5.390	85.112						
9	0.584	3.892	89.004						
10	0.505	3.367	92.372						
11	0.349	2.326	94.698						
12	0.295	1.969	96.667						
13	0.233	1.554	98.221						
14	0.148	0.987	99.208						
15	0.119	0.792	100.000						

旋转成分矩阵[a] 表6

	成　份					
	1	2	3	4	5	6
固定资产周转率	**0.821**	0.091	0.102	−0.022	0.008	0.037
每股收益	**0.777**	−0.038	−0.017	0.210	−0.079	−0.114
资产报酬率	**0.744**	−0.382	0.162	0.340	−0.032	0.035
资产负债率	−0.009	**0.821**	−0.179	−0.150	0.174	0.191
流动比率	0.061	**−0.797**	0.097	0.177	−0.146	−0.031
利息保障倍数	−0.057	**0.684**	0.099	0.309	−0.068	−0.200
市盈率	−0.270	−0.061	**0.902**	0.000	−0.105	0.052
总资产增长率	0.380	−0.162	**0.767**	0.032	−0.018	0.181
资本积累率	0.506	0.000	**0.755**	0.051	0.168	0.040
营业收入增长率	0.132	0.079	0.041	**0.765**	−0.134	0.078
营业利润率	0.465	−0.316	0.027	**0.642**	0.074	−0.107
营运资金周转率	0.026	0.079	0.070	−0.172	**0.787**	0.234
应收账款周转率	−0.098	0.165	−0.100	0.097	**0.778**	−0.358
综合杠杆	−0.101	0.170	0.252	−0.045	−0.070	**0.774**
营运指数	−0.060	0.239	0.094	−0.446	−0.113	−0.549

建筑业上市公司 2013 年度财务质量综合得分与排名 表7

证券代码	证券简称	得分	排名	证券代码	证券简称	得分	排名
002310	东方园林	1.208301	1	600284	浦东建设	0.413356	7
600039	四川路桥	1.018053	2	002717	岭南园林	0.395600	8
002524	光正集团	0.760629	3	000065	北方国际	0.389865	9
002047	宝鹰股份	0.669596	4	002307	北新路桥	0.375486	10
002081	金螳螂	0.651705	5	000961	中南建设	0.373641	11
002628	成都路桥	0.508746	6	002375	亚厦股份	0.306686	12

续表

证券代码	证券简称	得分	排名	证券代码	证券简称	得分	排名
601789	宁波建工	0.261113	13	600463	空港股份	−0.08626	40
300262	巴安水务	0.25743	14	002586	围海股份	−0.10086	41
002431	棕榈园林	0.250196	15	002060	粤水电	−0.11241	42
600853	龙建股份	0.239438	16	600248	延长化建	−0.12011	43
600528	中铁二局	0.221769	17	600846	同济科技	−0.14419	44
601668	中国建筑	0.217886	18	000498	山东路桥	−0.1460	45
300197	铁汉生态	0.206752	19	300117	嘉寓股份	−0.15191	46
600477	杭萧钢构	0.201133	20	002135	东南网架	−0.15708	47
601186	中国铁建	0.186215	21	600820	隧道股份	−0.16016	48
000090	天健集团	0.142473	22	000628	高新发展	−0.18008	49
600545	新疆城建	0.091455	23	002620	瑞和股份	−0.24852	50
600170	上海建工	0.087879	24	002140	东华科技	−0.25630	51
601669	中国电建	0.086268	25	002051	中工国际	−0.26055	52
002482	广田股份	0.076557	26	600133	东湖高新	−0.26969	53
600491	龙元建设	0.073099	27	601618	中国中冶	−0.27809	54
002713	东易日盛	0.064719	28	600326	西藏天路	−0.31985	55
600512	腾达建设	0.058852	29	002163	中航三鑫	−0.40065	56
601800	中国交建	0.058494	30	000931	中关村	−0.44082	57
601886	江河创建	0.038923	31	600986	科达股份	−0.45104	58
601390	中国中铁	0.03388	32	002325	洪涛股份	−0.57679	59
600502	安徽水利	0.011512	33	002314	雅致股份	−0.58263	60
601117	中国化学	0.00745	34	002663	普邦园林	−0.67706	61
600681	万鸿集团	−0.02482	35	300055	万邦达	−0.68125	62
600068	葛洲坝	−0.02958	36	002542	中化岩土	−0.80943	63
600496	精工钢构	−0.03607	37	002659	中泰桥梁	−0.89823	64
002062	宏润建设	−0.03651	38	600209	罗顿发展	−1.24435	65
300355	蒙草抗旱	−0.06388	39	600502	安徽水利	0.011512	33

6 结论

本文依据沪深 A 股建筑业的 65 家上市公司 2013 年年度财务报告数据为研究对象，从盈利性、成长性、安全性三个维度对建筑业上市公司财务质量进行分析评价并对其进行排序，得出北京东方园林股份有限公司和四川路桥建设股份有限公司财务质量最优。中化岩土、中泰桥梁和罗顿发展财务质量相对最差，而曾作为建筑业龙头的中国建筑、中国铁建屈居 18 位与 21 位，而中国中铁排名为 32 位。从排序结果分析，主要有以下几方面的结论：

（1）财务质量与行业主营业务性质与构成相关。同在建筑业行业，但主营业务的构成不同会对财务报告的结构产生影响，从而影响到企业的财务质量。在 65 家建筑业上市公司中，排名前十位的企业中，从事市政路桥建设的 4 家，园林绿化与环境保护治理的 3 家，钢构与装修装饰工程 3 家，而传统的建筑业均榜上无名。主要由于传统建筑业固定资产比重比较大，负债相对较高，而传统建筑业利率偏低，从运营效率和盈利水平上不具备优势。另外传统建筑业成长潜力是以上期为基数选取的比例指标，在与新型产业的中小版企业来比，也不具备优势。

（2）财务质量与企业规模和品牌效应相关性并不明显。建筑业企业资产达到一定规模并具备较高的品牌效应后，在竞争激烈的市场上具有明显的优势，但财务质量从当前企业的利益相关者的角度来分析评价其对相关方的满足程度。企业规模越大，利益相关方就越复杂，相关方的满意程度会降低。东方园林以市政园林绿化和环境修复为主导业务，与房地产与城镇化进程密切相关，政策敏感性强。但企业能把握城镇化进程与国家生态治理规划，拓宽业务，夯实公司经营，公司拥有自己的苗木基地约2万余亩，并借鉴国际生态修复领域先进技术，与国际上在生态城市规划、水资源规划建设、水污染治理等方面拥有国际领先水平的企业建立合作关系。并且企业总注册资本10亿元，固定资产规模0.45亿，2013年10月开始放缓施工节奏，保证汇款质量的措施，加速了资本回笼与良性运转，因此其财务质量达到最优。

（3）财务质量的关键影响因素为资本结构与利润率。建筑业上市公司平均营业利润率为5.9%，资产报酬率为5.1%，行业的平均流动比率1.45，平均资产负债率为68.4%。财务质量排名前五位的企业营业利润率在9%左右，平均的资产报酬率达8.42%，流动比例均高于行业平均水平，资产负债率维持在60%左右。而传统的建筑业企业中国建筑、中国中铁、中国铁建的营业利润率均只有2%，资产报酬率也相当较低，他们的流动比率均为1.2左右，而资产负债率均为80%以上。传统建筑行业资金周转慢，高负债经营影响企业的财务质量，也使得一些风险规避者在进行投资决策时放弃品牌企业，而将合作机会转向新型建筑业企业，促成建筑业发展的多元化格局，特别在宏观经济调控背景下，传统建筑业企业适应时代要求，优化资本结构，提升利润增长点是企业发展的关键。

（4）财务质量随企业经营发展而动态变化。所有企业是以持续经营与会计分期为财务核算的基本

假设前提，企业财务报表和年度报告均是以某些时点值和特定时段值为基础报送。财务质量评价指标取值来源于建筑业上市公司2013年度的财务报表和年度报告，本文的财务质量评价结果仅反映的是建筑业上市公司2013年年底的财务质量客观状况，不排除少数企业报告期为赢得市场青睐而产生的一些短期行为。在排名前6位的企业中，有4家企业在2013年度进行了股票增发或资产重置，吸纳优质资产，优化了资本机构，有2家企业2014年度第二季度已经停牌，进行重大的资产重组。因此在今后研究中，财务质量评价指标体系有待进一步完善，应充分考虑动态发展因素。

参考文献

[1] 袁康来,刘思维. 医药生物制品上市公司财务质量分析——来自湖南数据[J]. 财会通讯,2013,6：68-71.

[2] 李传宪,骆希亚. 定向增发与上市公司财务质量研究[J]. 经济体制改革,2013,5：144-147.

[3] 尹钧惠,杨慧珊. 我国上市公司财务质量评价研究[J]. 商业会计,2012,1：55-56.

[4] 周运兰,罗如芳,付建廷. 民族地区上市公司财务质量研究[J]. 中南民族大学学报（自然科学版）,2013,1：120-123.

[5] 孙明,张群. 安徽上市公司财务质量综合评价研究[J]. 赤峰学院学报（自然科学版）,2013,1：65-66.

[6] 郝倩. 我国上市公司的财务质量探析[J]. 时代金融,2013,30：227,241.

[7] 王林芳. 证券公司财务质量研究[J]. 生产力研究,2007,8：138-139+143.

[8] 周荣喜,郑庆华. 区间型多属性决策模型在企业财务质量评价中的应用[J]. 统计与决策,2009,19：160-161.

[9] 杜勇. 财务质量衡量指标设计与投资者保护程度[J]. 生产力研究,2011,6：192-194.

[10] 时立文. SPSS19.0统计分析从入门到精通[M]. 北京:清华大学出版社,2012.

基于 BIM 技术的工程管理专业核心能力培养研究

骆汉宾　孙　峻　周　迎

（华中科技大学土木工程与力学学院工程管理系，武汉　430074）

【摘　要】　工程管理专业人才培养面临着缺乏教学资源、无法在实际场景中实践模拟等困难，而以建筑信息模型(BIM)为代表的信息技术为改善工程管理专业人才培养提供了手段。本文在分析 BIM 技术应用现状的基础上，结合工程管理专业人才培养面临的挑战，探讨了 BIM 在工程管理专业核心能力培养方面的价值。构建了基于 BIM 的工程管理专业核心能力培养体系和实施途径。

【关键词】　BIM；工程管理；人才培养；核心能力；教学改革

Study on Core Capability Cultivation of Construction Management Based on BIM

Luo Hanbin　Sun Jun　Zhou Ying

(School of Civil Engineering & Mechanics, Huazhong University of Science & Technology, Wuhan 430074)

【Abstract】　The core capability cultivation of construction management is faced with the difficulties, such as a lack of teaching resources, and unable to obtain the practice of imitating in real situations. This paper discusses some means of improving the capabilities cultivation through information technology which is represented by building information modeling(BIM). Through the analysis of the application status of BIM, the value of BIM in the education of construction management was discussed, combined with the challenges that the capabilities cultivation faced. At last, a system of professional talents'capability cultivation of construction management based on BIM has been established, then the implementation approaches were discussed.

【Key Words】　BIM; construction management; talents' cultivation; core capability; teaching reform

　　工程管理专业涉及工程技术、管理、经济以及法律等诸多内容，对人才培养提出了较高的要求。对工程管理专业人才核心能力的培养需要从内容、形式和途径等多方面考虑，将工程管理基本理论与实践结合起来，尽可能使学生获得贴近于实战的体验，得到综合训练。受制于时间、场地、安全、资金等诸多因素的限制，工程管理专业学生几乎不可能真正在实战环境中得到综合性的训练。随着信息技术的发展和应用，给工程建设行业提供了先进的工具和手段，也给工程管理专业人才核心能力的培养提供了多样化的手段。

1 BIM 技术概述

建筑信息模型（Building Information Modeling，BIM）是用三维数字技术集成建筑工程项目各个阶段的相关信息，从而促进信息交换的效率，它是对工程项目相关信息详尽的数字化表达。BIM一词最早由美国 Chuck Estaman 教授在 20 世纪 70 年代提出，作为一种新的技术和研究领域，BIM获得业界广泛关注和认可，相关研究发展迅速[1]。BIM 以工程项目三维数字模型为基础，面向工程项目全生命周期，整合工程项目各类信息，为各项目相关参与方提供集成化的信息交互环境和手段[2]。借助 BIM 技术，可以高效地检测设计冲突、模拟施工及进行能效分析等各种仿真应用，并能应用于项目运营期的管理及维护[3]。BIM 核心是运用计算机技术、信息技术和网络技术整合建筑业相关技术和流程，提高建筑业整体管理水平，使建设全过程能够参数化、可视化、集成化、精益化和智能化[4]。

从本质看，BIM 是一种基于数字化技术和可视化技术，旨在集成和管理与建设项目有关的所有信息的方法。BIM 以三维数字技术为基础，集成了建筑工程项目各种相关信息的工程数据模型。BIM 是一个共享的知识资源，是一个分享有关这个设施的信息，为该设施从概念到拆除的全生命周期中的所有决策提供可靠依据的过程。在项目不同阶段，不同利益相关方通过在 BIM 中插入、提取、更新和修改信息，以支持和反映各自职责的协同作业。BIM 实施阶段及具体应用如图 1 所示。

随着 IT 技术的发展，BIM 相关技术也获得了迅速发展。经 Autodesk 等软件厂商的推广，BIM软件和工具逐渐成熟并应用于工程项目，取得了显著效益。正是看到了 BIM 良好的发展前景，美国、日本、韩国、新加坡及欧洲许多国家相继已发布了

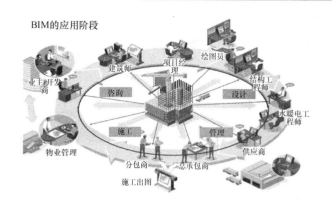

图 1　BIM 的应用

BIM 应用标准和发展规划，大力推广 BIM 应用。目前，美国约有 39％的大型项目在设计和施工阶段采用了 BIM 技术；新加坡则计划在 2015 年实现所有 5000m² 以上的工程审批时必须提交基于 BIM标准的规划、设计文件[5]。2008 年前后，随着北京奥运会水立方、上海世博会场馆、上海中心等一批大型工程建设，BIM 技术逐渐为国内建设行业所熟悉，并开始实践应用。2011 年，住房和城乡建设部发布《2011－2015 年建筑业信息化发展纲要》，明确提出"加快推广 BIM、协同设计、虚拟现实、4D 项目管理等技术在勘察设计、施工和工程项目管理中的应用，改进传统的生产与管理模式，提升生产效率和管理水平"。

2 BIM 技术在工程人才培养中的应用

2.1 国外高校 BIM 教学中的应用

美国高校的工程相关专业都在努力将 BIM 融合到他们的课程中。这种做法的目的包括：全体教师都希望通过利用有效的沟通和可视化技术，改善学生学习环境；学生渴望学到最新的设计和分析工具及方法；行业和学术界希望学生接触 BIM 以促进工作流程并达成行业内的最佳实践。每个教学单元的内容都是精心设计的，用以传授核心施工理念，同时展示主导行业最佳实践活动，而不是仅仅作为一种软件指导。这些教学单元的互动和可视化本质促进了学生高层次的空间认知和批判性思维。

2.1.1 BIM 教学应用概述

美国奥本大学（Auburn University）认为，

对于承包商来说，学习如何建模并不是一个关键的技能，学习如何利用现有的三维模型进行施工分析、确定施工效率才是最重要的[6]。从奥本大学的经验来看，将BIM贯穿到一系列课程中更为重要，如果仅在一门课程中应用BIM，其作用不能充分、有效地发挥，因为需要覆盖一系列核心技能。所有学生都运用可利用的软件，加强对技术和施工过程理念的理解。奥本大学施工专业的学生必须根据自己的选择，学习BIM软件包，并完成相应的课程项目的进度计划和预算。这些学生在与其他相邻建筑院系的小组成员沟通时表现出更强的能力，在整个项目的完成过程中也显得更加轻松。BIM教学单元的主要目的是通过利用直观、互动式的教学技巧阐述核心概念，以提高教育沟通效果，同时激励学生并让他们有机会接触新型BIM的工作程序和行业机遇。这些单元依靠龙头建筑公司的开创性经验以展示BIM对施工实践的影响。但是，精心设计这些教学单元是为了探索和阐述一些核心理念，如关键分析和决策的信息输入与输出，而不是为了描述实例研究。该单元进一步发展应该包含学生在他们的知识水平上对基本事实和数字的直接评估因素。这些知识包括了传统的学生实践活动中所要求的相同输入和输出信息，也结合了互动的学习环境以及自动对学生评分的可能。

在以工程为基础的课程方面，伍斯特理工学院将BIM应用到土木和环境工程专业的一些课程中。开设这些课程是为了让学生能够理解"设计交流、可视化和施工任务之间的协调"。利用已有的三维模型，可以展示这些软件如何促进设计协同、工程量预算与合作等基础功能。每学期在课程结束后，都会进行一项调查，了解学生对BIM的认识。结果表明，大多数学生都认为BIM是一种能够帮助工作团队开展工作的有效工具。

科罗拉多州立大学（CSU）施工管理系为促进使用和学习BIM采取了多种方法[7]。为达到这种目的所做的努力。其根本在于在利用行业支持和指导的同时，在学生、行业需求和教师的专业知识之间取得平衡。具体做法是在试点项目中加入一门将BIM作为一种软件，以其建模为主要内容的课程，着重开发"BIM教学单位"，以展示BIM程序在施工管理实践方面所发挥的作用。这些与行业合作开发的单元，强调了在不改变施工基本原则的情况下，如何使BIM应用达到最佳并提高核心竞争力。

佛罗里达大学林克尔（Rinker）建筑学院通过整合BIM，研究实验出一种能够促进可持续性的创新教学方法[8]。BIM－for－LEED教学模式以佛罗里达大学校园中已通过LEED认证的建筑为例，利用先进的BIM制作和分析工具来表达成功获得LEED认证的关键设计因素。教学中所设置的课程和实验，都是为了进一步扩展学生在计算机辅助的可持续性设计方面的知识，更重要的是，亲自参与建模实验可以了解满足LEED认证的设计流程的最基本元素。在学期结束时，学生不仅对可持续性和LEED评级系统有了更深的理解，同时还掌握了关于LEED认证建筑建模的扎实技能。利用校园中BIM－for－LEED项目的优势在于：学生们可以随时看到这些建筑，并分辨出其设计和实际建成建筑之间的区别，从而丰富了他们对从设计阶段到施工阶段，乃至建筑运营和维护阶段的可持续性设计和LEED的理解。与施工管理项目的其他课程一样，知识与经验对学生理解施工的精髓同样重要。学生们可以接触到这些LEED认证建筑的真正评分表，并利用这些表格来分析他们理想中的LEED策略与这些建筑的实际设计方法之间的差距。从普通BIM（初学建模）到具体项目建模（真正意义的建模）的飞跃是巨大的，这一飞跃的关键在于对细节的高度关注和对重复工作后的持久耐心。学生们普遍认可这种BIM和可持续性整合设计的有效性，但这种整合在使用方法中仍存在一些不足。学生们指出的一个主要问题是任务量繁重。整个课程的目标似乎定得太高，导致这个问题的另一个因素是课程选择的项目比较复杂，且规模较大。

2011年科罗拉多州立大学（CSU）与产业和设施管理部合作，试开了一门使用BIM的实验课程。在此项课程中，学生们将校园建筑建模，并用模型来探索和推动在现有的建筑和正在实行的管理项目中应用 BIM 的机会。

2.1.2 BIM 教学效果

目前，国外许多高校工程相关专业都开始教授 BIM。这些课程大部分都由专任教师授课，约四分之一的学校聘请行业讲师或者客座讲师授课。学校主要在设计、项目管理和成本控制课程中教授 BIM。从调查来看，课程主要使用实验和讲座相结合的方式进行。一种做法是将 BIM 纳入一门或两门课程中，另一种是在几门课程的所有部分都涉及 BIM，这两种方法各有利弊。结合 BIM 可以让大量学生从事更复杂的设计理念研究并取得更大的成功。BIM 使得教学者可以教授建筑协同过程，那么便有更多的机会可观察建筑系统的融合过程，从而转向建筑、工程和施工专业的协作[9]。

有调查询问学生如何能使 BIM 与专业达到最佳融合，大多数学生选择开设一门专门的 BIM 课程及将 BIM 与现有课程结合。少数学生，除了以上方法之外，还建议增设一门 BIM 综合实验课程。这样，学生可以首选通过独立的 BIM 课程学习软件知识，然后再通过 BIM 课程单元学习 BIM 及其软件应用，最后在终极课程中将所有知识结合起来，加以充分利用。学生能够接触和学习大量的 BIM 软件，并且直接感受到 BIM 的一体化和协同本质。

业内尤其肯定了让学生了解 BIM 的潜力与多个工作流程、而非只是精通一个或多个软件这一做法的价值。此外，邀请多位业内专业人士参与教学可让学生接触高级别的专业知识，这是个人或者传统教员很难具备的。数据显示，（1）软件难度与学生对其喜爱度之间关联性不大。（2）学生认为了解这些工具对他们求职是不无裨益的，而 Revit 是所学软件中最畅销的一款。（3）学生认为教授这些软件是对施工管理课程的一种改进。（4）与行业和设施管理部合作的机遇是极其宝贵的。

国外大学将 BIM 引入工程教学的结果表明，使用 BIM 作为教学工具可以使知识传递更加便利，尤其与传统的二维教学方法相比，在讨论工程建设问题时，信息的覆盖面会更广。

2.2 国内高校 BIM 教学中的应用

国内高校应用 BIM 教学尚处于探索阶段，尽管针对 BIM 技术应用的探讨非常丰富，但对于本科生阶段利用 BIM 技术完善工程管理人才核心能力的培养还不多见。但国内已有不少高校着眼于利用 BIM 技术改善工程管理专业核心课程教学效果或专业人才培养体系的建设。

当前应用 BIM 技术最常见的是在建筑类专业课程教学工作中。一些高校通过分析当前建筑信息模型（BIM）等新的数字技术在建筑专业发展和《建筑 CAD》课程教学中存在的问题，提出了改进《建筑 CAD》教学内容和方法[10]。在建筑设计教育中，充分培养、发挥学生的创造力和想象力，并将其作为教学核心。利用 BIM 技术提供的全新手段和方法，全面提高学生计算机辅助建筑设计新技术应用能力。

有些高校在《工程项目管理》课程中将 BIM 与沙盘模拟实验结合起来，使学生通过实验掌握应对工程项目不确定性的有效方法，科学地做好项目决策，同时更好地认识项目的风险性，从而培养学生的现代项目管理技能，提高学生项目管理的基本素质。具体内容包括：（1）建立基于 BIM 的实际成本数据库；（2）及时输入实际成本数据数据库；（3）快速实行多维度（时间、空间、WBS）成本分析。

还有高校认为 BIM 技术概念给工程领域培养新型人才带来了更广阔的思路[11]，这就需要在教学师资队伍的建设、教师结构、教师知识体系、教学模式和教学方法上不断创新思路，以适应学科的发展要求。其重要的方法就是要构建一个基于 BIM 技术的工程专业教学实训平台。这一平台的构建出于两个方面的需要，一是教学方面的需要，二是学生综合技能强化训练的需要。通过专业实训平台先进的多媒体技术手段，向更高的技术和管理手段要效益、要能力，应该是现阶段工程管理学生获得专业技能的必由之路。具体措施包括：更新硬件及软件设施，使之符合 BIM 软件使用要求；在各个年级有意识地培养学生建立 BIM 模型的概念，并逐渐采用 BIM 软件技术辅助完成课程设计或大作业。

以 BIM 为载体的虚拟建造技术为工程人才培养模式的创新提供了条件，为工程人才核心能力的培养提供了新的手段和方法。基于 BIM 技术主要能为专业教学提供传统方法不具备的实战环境和综合、协同地教学内容训练体系。

3 BIM 技术在工程管理人才培养中的作用

3.1 工程管理人才培养存在的问题

工程管理是基于工程项目特定对象的专业化管理。由于工程对象自身的复杂性特点，决定了工程管理的内容涵盖了从决策、计划、组织、协调、指挥和控制等管理过程，具体包含成本、进度、质量、安全、信息、合同等诸多管理要素，性质涉及工程技术、法律、经济和管理学科。因此工程管理专业人才培养的是一种复合型人才，特别强调在实战环境条件下针对具体工程对象实施综合性地管理，如在施工过程中需要掌握重要的施工工艺、技术方法以及进度、成本、质量控制的过程。这就要求工程管理人才培养时尽量为学生提供接近实战的环境和综合性训练的内容。当前，受制于资源条件、环境因素和出于安全的考虑，工程管理人才培养在内容、过程等方面还存在着一些亟待改进的问题，具体包括以下几个方面。

3.1.1 教学资源缺乏，难以为核心能力培养提供实战环境

教学资源相对短缺的问题一直存在。考虑到工程项目自身周期长、任务复杂、参与单位众多等特点，要为工程管理人才培养找到实战的环境条件是十分困难的。如在工程施工技术教学方面，出于安全、工期紧张等因素考虑，大多数情况下施工单位不愿意接受大批量的在校学生进场实习。另一方面，工程建设实践跨度较大，从策划、设计到施工经历较长的时间，从时间、空间上都不具备在完全真实条件下的教学环境。此外，教学过程是一个允许实验、允许出错的过程，这对于工程管理人才培养是必不可少的。比如施工进度计划的编制、施工

方案需要学生在消化、吸收专业知识的过程中不断调整优化、实验，这样的过程才能符合工程管理人才核心能力的培养规律。可是在工程实践中，是不可能做到实验的环节的。

3.1.2 缺乏综合性训练的基础和支撑

与大多数专业教学类似，现阶段工程管理专业课程是分散教学的。各门课程知识点各有侧重，往往难以形成综合性内容，使学生在贴近实战的环境中获得综合性训练。如施工技术环节所涉及的内容主要包括土方工程、混凝土工程、钢筋工程、脚手架工程、装饰工程等，由于一般工程的施工周期较长，在实习过程中，只能完成部分或单项工程，导致实习的内容是局部的、断续的，由此造成了生产实习深度不够。此外，对于工程项目成本与进度、进度与安全等综合管理的内容，很难用直观、形象的途径使学生获得综合性的模拟训练。学生在学习过程中难以将各种专业知识和能力要求融会贯通，专业能力培养还处于割裂的状态，不利于工程管理专业复合型人才的培养。

3.1.3 安全问题对工程管理实践教学的制约

由于工程建设自身的特殊性、复杂性特点，安全是各方都高度关注的问题。对于工程建设各参与方而言，正处于专业技能和知识学习阶段的学生参与工程实践中无疑具有很高的风险。从学校、企业的角度来看，进行工程管理实践教学受到诸多限制。建设工程由于其工作的特殊性，施工人员、材料、设备流动性大，露天作业、高处作业多，施工环境、工作条件差，涉及工种、交叉作业多等特点，造成安全隐患层出不穷，安全生产事故时有发生。另一方面，学生初到工地，兴趣浓厚，往往会积极主动地参与到各个作业环节中。由于对施工现场的安全隐患缺乏认识，不注意自身及他人的安全，容易引发安全事故。个别学生安全意识淡薄，不注意工地安全规定，也是很多企业不愿意接受学生实习的原因之一。这从客观上成为阻碍工程管理实践教学的主要制约因素之一。

3.2 BIM 在工程管理教学中的优势

BIM 具有可视化，协调性，模拟性，优化性

和可出图性五大特点[12]。在三维表现、过程模拟等方面，BIM 技术具有明显的优势。因此，利用 BIM 技术可以为工程管理教学提供极大的便利，使过去传统教学方式下教师不容易讲清、学生不容易理解的二维图形变成直观的三维形式，使抽象的线条变成"所见即所得"实体影像。并且在虚拟的环境中，BIM 还可以允许学生进行实验，比如结合工程管理核心能力培养的工程技术方面，学生可以自行编制工期计划和施工方案，实时检验设计结果，这些都大大丰富了教学手段，提升了教学效果，为学生创造出尽可能贴近实战的环境和综合性训练的机会。

3.2.1　利用虚拟仿真技术，提供贴近实战的教学环境

由于 BIM 实现了施工图纸的三维可视化，改变了传统的 2D 施工图局面，从而实现了建筑物的 3D 设计与 3D 施工。因此，将 BIM 技术应用到生产实习中可以解决传统的生产实习中内容不全面等问题，具体应用效果体现在以下几个方面：

建立详细的 BIM 模型，有助于帮助学生在进入工地实习之前了解整个施工过程及施工难点，明确在工地实习阶段的工作重点，使其在实习阶段能够做到有的放矢。即使学生无法实地跟踪整个工程的施工过程，也能通过 BIM 模型了解到施工阶段的各项工作。

基于 BIM 模型，可以进行施工方案的模拟，以便于在设计阶段就能识别施工阶段可能会出现的各种问题，比如说场地约束，方案的可行性验证等。例如，图 2 就给出了一个天津市某超高层建筑的深基坑工程施工方案的模拟。基于 BIM 的施工方案模拟能够实现"先试后建"，帮助各个参与主体在施工前了解到整个施工过程以及施工重点和难点。在后期施工时，也能作为指导施工的实际操作，以提供合理的施工方案及人员，材料使用的合理配置，从而来最大范围内实现资源合理运用。

3.2.2　为综合性训练提供支撑

由于 BIM 模型可以集成设计、施工、运营和维护等各个阶段的信息，也能够集成成本、进度、

质量控制点、材料供应商等业务信息，如图 3 所示。学生在建立模型的时候不仅可以了解掌握的施工方案，还可以了解施工成本核算、质量控制、材料供应的流程等。使得生产实习的内容更加充实，克服了传统实习过程中仅能够侧重某一方面的学习，帮助学生全面地了解工程项目的建设过程和各种管理流程。

通过基于 BIM 的施工方案仿真和模拟，能够识别施工过程中的行为操作风险，帮助学生在进入工地之前了解危险的操作和行为，既能够辅助学生进行安全培训，也能够事先识别不安全的空间和区域（如图 4 红色部分表示当前施工节点下的危险区域），降低生产实习中的安全事故发生的风险，保障学生的安全。

综上所述，学生通过 BIM 模型的模拟仿真过程，可以了解到各个部分的施工过程及细节，以避免传统生产实习中所学内容局部、断续实习深度不够的问题。另一方面，传统的生产实习中，可能出现指导教师缺乏工程经验，实践教学仍以理论学习为主的问题。而 BIM 的信息建模可由专业的技术人员和老师参与指导完成，确保内容准确专业。学生在对 BIM 模拟仿真过程学习基础上再进行实际操作，实现理论与实践结合。由于一周的集中实习时间相对较短，学生不能跟踪施工的整个过程，而通过 BIM 信息建模，则能够模拟仿真施工的完整过程。

3.3　BIM 对工程管理教学的影响

3.3.1　对课程教学的影响

专业课的教学目的，在于通过具体工程对象的分析，使学生了解工程项目的设计、施工、管理等基本过程，学会应用由专业基础课程学得的基本理论，较深入地掌握专业技能，建立初步的工程经验，以适应用人单位对工程管理专业本科人才能力的一般要求。利用 BIM 模型可以直观、方便、快捷的模拟这个过程，方便时学生掌握整个工程生产过程。学生在课下也可以通过建筑信息模型平台练习模拟土木工程各生产环节，对知识进行巩固和

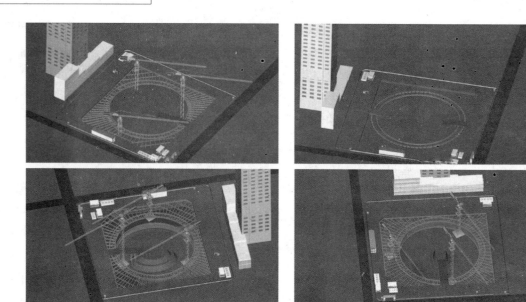

图 2 基于 BIM 的某深基坑工程施工方案的模拟

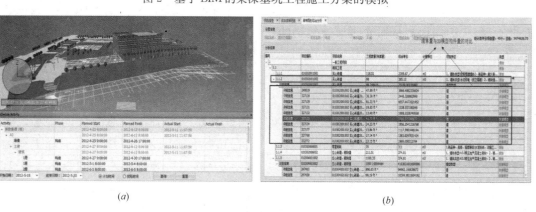

(a)   (b)

图 3 基于 BIM 的某地铁指挥中心的施工管理
(a) 进度管理；(b) 成本管理

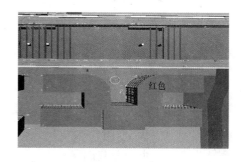

图 4 基于 BIM 的某地铁深基坑施工
过程中特定时间节点的危险区域识别

练习。

3.3.2 对实践教学环节的影响

协同正是 BIM 的核心概念，现代工程项目越来越复杂，越来越庞大，需要靠整个团队相互协作来完成。要适应社会的这种发展模式，在工程管理高等教育体系里，相互配合、协同工作的能力也是必不可少的。课程设计主要目的是要综合应用所学基础理论和专业知识，使学生具有独立分析解决一般工程技术问题的能力。传统教学各门课程内容相互独立，每个课程设计一般都是为满足本课程的学习要求和学习目的，对与其他课程设计之间的衔接和相互影响考虑较少，使得学生在课程设计及专业学习中得不得良好的连续性、系统性和整体性训练，不理解每个课程设计的前因后果，工程设计整体观模糊。如果在课程设计中引入 BIM 技术，有助于在课程设计中综合训练学生对工程管理专业知识的理解，培养学生的全局意识，使学生对工程管理专业有更全面、更深入的理解，又可以锻炼学生沟通协调能力。

同样，工程实习可以采用 BIM 建模和项目跟踪相结合的方式，毕业设计也可以在建筑信息模型平台上进行协同设计、协同工作。这样不仅起到了实训效果，也锻炼了学生自己对工程中出现的问题独立思考的能力，激发学生学习的积极性。

土木工程专业课程不仅要多媒体教学，而且要实现在 BIM 模型平台上的教学演示、模拟、演练。课程设计要连续、相互验证，不同年级不同专业不同学生间要相互利用验证设计成果。实践实习环节采用项目跟踪和 BIM 建模相结合的方式。毕业设计实现团队合作、协同设计、协同工作。通过这些方法，来促进土木工程专业学生快速适应现代土木工程行业要求。

4　基于 BIM 技术的工程管理核心能力培养体系

4.1　培养目标

BIM 技术自身具备的信息集成、协同特性和在三维表现方面的优势是十分明显的，在建筑、工程和施工（AEC）类专业教学中采用 BIM 技术对于丰富教学手段、提升教学效果具有非常重要的作用。Rundell（2007）认为像 Revit 软件这类基于 BIM 技术的工具可以帮助学生了解整体建筑，将概念设计理念与施工技术相结合，鼓励学生对成本、可施工性、环境影响等因素进行综合考虑。BIM 还可以帮助学生学习协调与合作，使学生了解建筑要素与系统是如何相互作用等知识，为学生与系统涉及人员进行互动学习做好准备[13]。

对于工程管理专业人才培养而言，BIM 技术可以为学生获得过去教学方式下难以获取的实战环境，使学生从抽象的二维工程符号面向具有空间属性特征的实体模型，大大提高了学生的学习效率和对专业知识的理解。BIM 技术自身具有的可模拟的功能为工程管理专业学生动手实验提供了可能，并能实时得到实验仿真的结果。最重要的是，利用 BIM 技术，可以在虚拟的环境中为学生提供综合

训练的条件。例如将各种专业工程的设计、施工和管理可以通过 BIM 软件环境集成在一起，实现各专业之间、设计与建造阶段之间的协同和配合，使学生有机会将多种专业知识综合应用。

具体而言，基于 BIM 技术对工程管理专业人才核心能力培养应当满足以下目标。

（1）要面向工程行业的需要。将 BIM 技术引入工程管理专业人才培养中，对于学生掌握专业知识，将知识转化为能力具有重要意义。基于 BIM 教学内容的设置应当符合工程管理专业人才培养的原则和特点，立足于工程管理核心能力和创新能力的培养，面向工程行业发展的需求。因此，在教学具体环节设置、形式上需要充分依托工程行业的特点和要求。

（2）要满足未来行业发展和企业人才的需求。要充分考虑工程管理人才培养目标定位，更加强调要适应行业发展的需要和企业的人才需求。所以，基于 BIM 的教学应以满足企业人才需求为导向，在培养内容和能力要求上突出对企业实际需求的响应。

（3）要体现将专业知识转化为实践和创新能力的过程。根据培养定位和目标，工程管理人才核心能力不仅包括集成的知识结构、精深的专业知识，更强调要具备高水平的工程实践能力和创新能力。因此，基于 BIM 的教学更应注重知识到能力的转化过程，切实保证培养目标的实现。

4.2　培养体系

4.2.1　教学体系

在普通工程管理专业的教学体系中，一般是以专业知识传授为主，其综合型、实践性的教学内容主要是配合专业知识的学习而设置的。而基于 BIM 的教学需要突出面向业界、突出实践能力、创新能力的要求。因此，基于 BIM 的教学内容需要进行专门的策划和设计，以适应其培养目标的实现。

具体而言，基于 BIM 的教学内容设置应当"以行业发展需求为导向，以综合能力培养为目标，以解决实际问题为标准"，如图 5 所示。

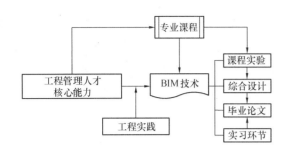

图5 卓越工程实践教学体系设置

在教学体系设置中应注意把握以下两点。

（1）基于BIM的教学内容应当满足行业发展对高水平专业人才的要求。制定实践教学计划不能"闭门造车"，必须充分吸收行业组织、企业等关于行业发展和人才需求的意见。行业组织对工程实践的理解最为深刻，清楚解决工程实际问题需要具备哪些能力。所以，基于BIM的工程管理专业人才培养应当吸收行业发展新技术、新趋势的要求，充满满足行业发展对高水平人才的需求，以更好地培养专业人才核心能力。

（2）基于BIM的教学内容应突出培养解决工程实际问题的综合能力。工程管理教学内容中专业课程、（综合）课程设计和毕业设计（论文）都应该强调解决工程实际问题的综合能力培养。以课程设计为例，应当改变过去围绕单一专业课程为主的做法，而应依托与BIM技术和工具，采取综合课程设计的形式，将相关几门课程综合在一起，由学生完成面向工程实际的综合课程设计。

例如，根据工程管理专业人才核心能力的培养目标和需求，可以将施工组织设计、工程造价、工程项目管理等几门课程综合在一起设置投标文件综合设计。这样学生可以经历编制投标文件（商务标、技术标）完整过程，获得解决工程实际问题的完整训练。如可以利用BIM技术设计以下教学内容。

1）BIM建模（4D/5D数据创建、管理、提供）。

2）设计协调和评估（多专业协调、碰撞检查、空间分析、多方案比较）。

3）项目招标投标（精准的实物量清单招标、准确合理的投标报价）。

4）精确的成本控制和管理（限额领料、钢筋下料级报表输出大幅节约建材及钢材损耗、工程预、结算）。

5）施工进度的科学管理（生成工程形象进度预算书、资金计划、反映材料使用情况）。

4.2.2 教学内容及要求

工程管理要求学生进行BIM建模并通过BIM技术进行模拟，以全面了解项目实施过程和管理流程，了解实习中的实习重点及注意事项。在此基础上，要求学生参与完成土方工程、混凝土工程、脚手架工程、钢筋工程和装饰工程等项目的实习操作。通过学习，使学生能够巩固和深化所学理论知识、施工管理知识及工程技术经济知识，增强学生的实践动手能力。

工程管理专业生产实习的先修课程包括：房屋建筑学、建筑材料、混凝土结构、砌体结构、钢结构、地基基础、建筑施工、工程项目管理、房地产开发、工程经济学、工程造价管理、工程合同管理、工程管理信息系统、工程造价管理、工程估价等。同时，学生需要掌握几种基本的BIM建模和浏览的软件工具，如Autodesk Revit和Navis-works等。

学习目标与要求：丰富和扩大学生的专业知识领域，培养学生巩固和加深对所学专业理论知识的理解和认识，使学生获得组织和管理生产的初步知识，加强学生理论联系实际，提高在生产实践中调查研究、观察问题分析问题，以及解决问题的能力和方法，培养技术创新能力。

4.3 实施途径

基于BIM的工程管理教学可以有两种开展途径。

第一种途径是要求学生实实在在地参与到BIM的建模和方案模拟过程中。但是这种途径对学生的要求较高，需要事先掌握基本的BIM建模和浏览的软件工具，同时需要耗费一定的时间才能完成建模工作，其具体流程如图6所示。

对于有些学校已经建立了虚拟实验室，已完成了一部分项目的BIM建模工作。针对这种情况，可采取另一种途径，即指导教师和实习基地专业工程师根据实际要求和情况，从 BIM 模型库中选择合适的项目和模型，提供给学生。教师可以直接通过 BIM 模型向学生讲解施工过程、管理流程和实习的重点等。同时，指导教师可根据学生对 BIM 模型的学习情况的提出针对性的问题，学生分组讨论学习后方可安排实施。这种途径的具体生产实习流程如图 7 所示。

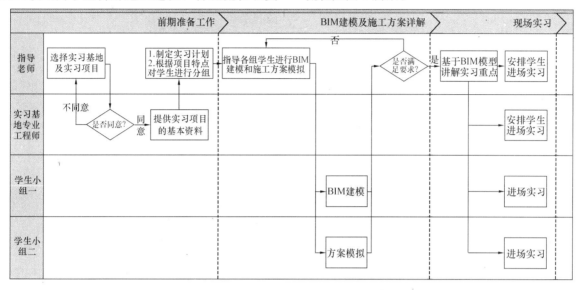

图 6　基于 BIM 的完整教学模式

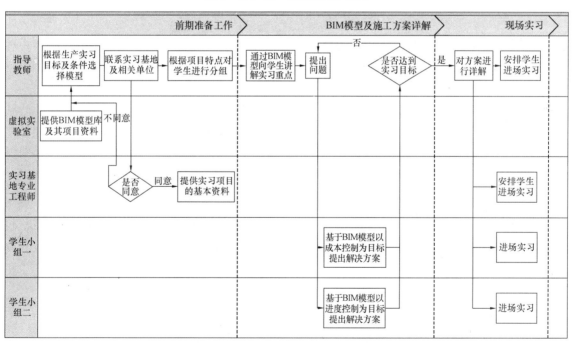

图 7　基于 BIM 的组合教学模式

上述两种实施模式各有特点，例如，第一种"完整模式"对学生要求比较高，难度较大。基于学生水平和特点，不可能要求建立较为复杂的模型。但学生可以获取比较完整的训练，对工具的理解也会比较深刻。第二种"组合模式"，可以实现准备较为复杂的模型，学生可以实现较复杂的功能模拟，但模型的建立等内容需要事先准备确定。具体采用何种实施模式，取决于教学条件和教学目标的设定。对于一般学校而言，组合式的教学模式实现起来的难度比较大，不过可以使用鲁班、广联达、斯维尔等软件厂商提供的教学版本，相对而言更具可操作性。

5 基于BIM技术的教学保障措施

5.1 提高指导教师的业务能力和技术水平

基于BIM的工程管理专业人才培养对教师提出了更高的要求。首先，教师需要具备较强的工程实践能力，需要对工程管理非常了解。其次，由于教师需要指导学生进行项目建模和施工方案仿真模拟，教师需要对BIM的概念与工具方法有一定的了解，同时对于施工方案也要比较熟悉。

由于工程管理专业的大多数现任教师多以从事教学和科研工作为主，可能缺乏对工程实践的了解，工程实践能力相对比较薄弱。因此，需要加强教师主动学习的积极性，一方面不能松懈对本专业前沿技术的学习；另一方面学校或学院能够有计划地安排教师、特别是年青教师到施工单位和设计单位学习锻炼，增强他们的实践应用能力。此外，还可以根据实际需要，从业界聘请具有丰富BIM应用经验的工程技术人员也是国内外较为通行的做法。

5.2 寻求稳定的工程实践基地

基于BIM的工程管理专业教学需要得到实践基地的支持与配合。由于教师指导学生的建模过程中需要工程单位提供比较详细的工程资料，因此需要学校与实习基地建立良好的互惠合作的模式，取得实习基地的信任，才能帮助指导教师和学生顺利地进行建模和仿真的工作。学校在这方面可以通过签订合作协议，以校企联合的模式，建立实习教学基地，并优先选用共建单位提供的实习基地，既可以保证实习质量，同时通过学生实习，也能够帮助共建单位解决一些实际问题，例如引导学生帮助共建单位对不同施工方案进行仿真和验证。如此一来，既能够促进产、学、研相结合，又能够促进学校与企业的资源共享、互惠互利、共同发展。

5.3 设计综合性的教学内容

基于BIM的工程管理专业教学要求学生不仅只是到项目上了解某一个时间节点的项目情况，还需要指导教师和学生在实习之前就对工程整个建设过程详细深入地了解。BIM技术为工程管理专业生产实习的改革与实践提供了有力的支持。基于BIM模型，可以将工程管理施工过程中出现的先进施工工艺和方法进行模拟，丰富学生的实习内容，解决上文所提到的实习内容匮乏的弊端。指导教师还可借助BIM技术为学生生动的展示某个工程项目施工的全过程，把施工的关键技术和原理通过虚拟与仿真的方式介绍给学生，让学生通过形象的学习去感知施工过程和施工原理，既能够提高学生的学习兴趣，也能够帮助学生深层次地理解项目管理，提高教学的效果。

6 结语

工程管理专业人才核心能力的培养需要理论与实践相结合、培养学生综合运用所学理论知识解决工程实际问题能力。常规的工程管理的教学在形式、手段、资源等方面还存在着局限，需要积极利用新技术探索新模式。应用BIM技术对工程管理专业教学的研究与探索不仅能够解决常规教学模式中存在的内容不全面等问题，还极大丰富了教学资源和效果。利用BIM技术强大的数字仿真技术、信息综合、协同的特性，将有助于工程管理专业人才核心能力的培养，其教学目标、教学体系和教学内容等都值得深入分析和进一步探讨。

参考文献

[1] Kristen B,Kenneth S. How to measure the benefits of BIM-A case study approach [J]. Automation in Construction，2012,24：149-159.

[2] Ricardo Jardim－Goncalves . Building information modeling and interoperability[J]. Automation in Construction，2010，19：387.

[3] Eastman，C.，Teicholz，P. Sacks，R. and Liston，K. BIM Handbook：A Guide to Building Information Modeling for Owners，Designers，Engineers and con-

tractors［M］. John Wiley& Sons Inc. 2008.

［4］ 张建平，李丁，林佳瑞，颜钢文. BIM 在工程施工中的应用［J］. 施工技术，2012,41(371):10-17.

［5］ US Army Corp of Engineers（USACE）Mr. Van Woods. BIM from the owner's perspective［R］. 2009.

［6］ 克里斯托弗.帕韦尔科，阿兰.D.切西. 当今大学本科课程中的 BIM 课程［J］. 建筑创作，2012(10):20-29.

［7］ 卡洛琳娜.M.克莱温格尔，麦哈迈德.奥兹别克，斯考特.格里克，等. 将 BIM 纳入施工管理教育［J］. 建筑创作，2012,10:40-47.

［8］ 吴伟，拉亚.R.A.伊萨，布里塔尼.吉尔. BIM 和可持续性一体化课程［J］. 建筑创作，2012,10:58-71.

［9］ 卡罗琳娜.M.克莱温格尔，麦克.拉什. 与产业和设施管理部协作教授建筑信息模型［J］. 建筑创作，

2012,10:98-106.

［10］ 杨修，何江. 基于 BIM 的广西高校建筑学专业计算机课程教学探讨［J］. 教育教学论坛，2013,21:154-155.

［11］ 陈丽萍，陈述. 基于 BIM 技术的工程管理专业教学实训平台的构建［J］. 中国科教创新导刊，2010,31:234-235.

［12］ Chuck Eastman. BIM Handbook：A Guide to Building Information Modeling for Owners, Managers［M］. John Wiley & Sons, Inc., Hoboken, New Jersey. 2008.

［13］ 孙鸿玲，史德刚. 土木工程专业生产实习教学方法改革的研究与探索［J］. 时代教育，2011,8:30,37.

BIM 课程设计与教学经验分享[1]

谢尚贤

（台湾大学土木工程学系工程信息仿真与管理研究中心，台湾）

【摘　要】Building Information Modeling（BIM）为近年来在建筑、土木与营造工程领域中快速发展的新技术，透过数字化的模型建构、管理与应用，以虚空间对工程生命周期各阶段作业进行拟真的仿真，从而能超越时空的限制，事先对工程的实际执行进行更好地掌握，也能更积极地整合工程生命周期中的各项作业，降低工程的成本与错误，提升工程的质量、效率与安全，以及更有效地响应现今在可持续发展与节能减排上对工程的要求。然而在土木工程相关科系里，目前还少有教授 BIM 技术与应用的课程，这对于未来产业进步的推动及人才的供给，势必有所影响。因此，台湾大学土木工程学系于 2011 年春季起开授"BIM 技术与应用"课程，以应产业技术发展趋势及人才的需求。本文即在分享此课程的设计与开授经验，期望能抛砖引玉，让BIM 相关课程早日成为学校教育的重要一环。

【关键词】BIM；BIM 课程；教学经验

BIM Course Design and Teaching Experience Sharing

Hsieh Shang-Hsien

（Research Center for Building and Infrastructure Information Modeling
and Management，Department of Civil Engineering，National Taiwan University，Taiwan）

【Abstract】Building Information Modeling（BIM）is an emerging technology that employs digital information models in the virtual space to achieve better quality and efficiency of construction and management work throughout the facility's lifecycle. However，only few civil engineering related departments have offered courses on the BIM-related topics. This paper reports the design and teaching experiences of a BIM course，called "Technology and Application of BIM" in the Department of Civil Engineering at National Taiwan University since the Spring semester of 2011. It is

---

1本文有部分内容乃撷取及改写自以下文献：

（1）谢尚贤．郭荣钦．郭瀚嵘．BIM 课程之教学经验分享［C］．100 年电子计算器于土木水利工程应用研讨会论文集，台湾高雄，2011：605-613.

（2）谢尚贤．导入 BIM 信息科技 从做中学［J］．营建知讯，2012，353：38-45.

hoped that the teaching experiences shared in this paper can motivate more offerings of BIM-related courses in the colleges and universities.

【Key Words】　Building Information Modeling；BIM courses；teaching experiences

1　前言

21 世纪，人类已迈入信息社会，无论士、农、工、商，生产的技术与效能，都随着应用工具的充分信息化、网络化与自动化，产生了巨大的质变与飞跃；同时，人类在食、衣、住、行、育、乐等各种生活层面与休闲活动，处处都显现出信息科技产品所带来的便利与质量效率的大幅提升。

工程界早在 20 世纪 60 年代即试图应用信息科技解决工程上庞杂的计算与分析等问题，许多的数值分析理论与应用，皆与航空、机械、电子、电机等专业同步发展，与时俱进。但由于土木建筑工程有生产方式独具性、不同专业参与者众多、投入人材机与资金庞大、分工交替复杂与产品生命周期特别长的产业特质与商务文化，有别于前述其他专业，久而久之，信息科技在土木建筑产业的应用就形成各立山头的自动化孤岛现象；规划设计、结构分析与水电环工设计施工、土建施工、营运维护等都各自发展出不同的信息工具。多年来这些信息工具大部分仍依循着各自阶段传统作业模式与商务程序的局部自动化演进，其所产出的信息在提供给产业末梢参与者沟通与交付应用时，仍大多回归到传统的纸本为主的媒介，几十年来进步相当有限。这也造成工程结构物在其漫长的建造与营运期间，被这些不易统整与维护的信息所衍生的数据，切割出许多不连续的界面来，不但徒增工程参与者之间对部分信息的认知误差与争议，也产生了许多不符合预期的成果，甚至难以弥补的损害。而且，信息经过多层界面的交换，现场实况也难实时回馈到各自阶段及各专业的信息源头进行修正，这种难以同步以及回馈过程不易控制的窘况，都使土木建筑产业的整体效能大打折扣，尤其在施工阶段与营运维护阶段，此种症结的影响尤甚。

这些年来，信息科技的进步日新月异，各行各业在信息科技的应用上，无不挖空心思发挥创意，

希望能不断地创造发明新工具与新方法，以增进产业的效能与质量，土木建筑产业亦然。台湾大学土木工程学系（简称台大土木系）在 1997 年即意识到信息科技对土木建筑行业的多元应用的潜能，因此率先于国内大学土木系中成立"计算机辅助工程组"，以土木建筑工程专业领域为基础，全力探索最新信息科技的发展趋势与应用在工程产业的潜能，期使研发成果能帮助业界改善生产效能与质量，使产业能不断随信息科技的发展齐头并进。经过多年的努力，近年来已呈现出许多成效。

如前所述，工程在其漫长的生命周期中，其相关信息受到应用工具与商务文化的主观限制，被不同的阶段与不同的专业切割成许多不得已的界面，这些界面引发的缺失与困境，长期阻碍着工程产业进入信息社会后对体质上脱胎换骨与效能大跃进的期待。由于多年来人类在信息技术理论研发与实务应用的不断演进，已逐渐朝更理想的境界迈进中；由早期泛用的产品信息模型（Product Information Model）理论发展到建筑产品模型（Building Product Model）[1]建构技术，进而衍生出 BIM（Building Information Modeling）技术[2]的工程实务应用，已明显激发起工程界普遍的振奋与冲击，国内外皆然。台大土木系有鉴于此，于 2009 年 9 月正式成立"工程信息仿真与管理研究中心"（简称 BIM 研究中心），专事与 BIM 技术相关的教育培训、研发与导入应用，包括土木建筑工程整个生命周期的所有信息模型建构与仿真、分析、程序改造、管理与应用等各项议题，积极地与政府和民间相关工程业界合作研发，并努力寻求国际学术交流，与国际相关技术接轨，盼能立竿见影，带动国内工程各界精英，齐为土木建筑产业的效能跃升而努力[3]。

有鉴于学校以教育人才为本，且考虑到对未来产业发展及人才供给的影响，要能让 BIM 技术在国内生根苗壮，并与国际发展接轨，培育 BIM 专业英才有其必要与迫切性。因此台大土木系在

2011 年春季开始推出"BIM 技术与应用"3 学分选修课，开放大学高年级、硕士生与博士生选修，以应产业技术发展趋势及业界之人才需求，迄今（2014 年 7 月）已开授过 5 个学期，课程也持续进行调整，包括 2012 年秋与一位德国访问教授共同以英文教学。本文即在分享此课程规划设计与教学相长之经验，期望能发挥抛砖引玉之效用，使 BIM 相关课程尽早成为学校土木工程教育中不可或缺的一环。

2 课程设计

"BIM 技术与应用"课程旨在通过课堂讲授、专家演讲、案例讨论与案例（专题）实作，让学生习得 BIM 技术，及认识其发展与应用潜力，并能实际应用 BIM 技术与工具于案例实作中。其课程主要目标旨在让学生学习到：

● BIM 的基本知识，包括其开发与应用，可能蕴藏之潜力，以及工程界面临的挑战和机会。

● 如何应用 BIM 工具来提高工程作业之质量、效率、安全和土木设施设备生命周期可持续发展的相关问题。

课程中还特别安排案例实作与讨论等活动，除让学生实际练习操作或讨论工程规划、设计、施工、营运维护等过程中 BIM 技术的应用，更可培养团队合作精神。

由于 BIM 技术本身及其应用的范围，不管是在信息技术面或工程技术面，皆涵盖颇广，且学习者也需要有足够的工程实务经验，才易体会及学得个中奥妙。因此，在课程内容的安排上，以课堂讲课、工具介绍与实作教学、作业及分组案例（专题）实作等四部分来涵盖重要技术内容。教师主要讲授 BIM 基本概念，并讨论工程生命周期中各角色，包括业主、规划设计单位、施工单位、营运单位等，在面对 BIM 技术时的考虑与可能的因应方式。此外，课堂中除了介绍目前国内常用的 BIM 工具外，也安排学生体验 BIM 工具的实际操作与应用，特别是 BIM 建模工具的教学，以应课程案例实作所需。目前课程统一教授的基本建模工具为 Autodesk Revit，主要是因为它的教学授权能方便

学生自学，但就教学的目的而言，其他类似的 BIM 建模工具也应都能满足需求。此外，对于期末案例（专题）实作所需各类 BIM 工具的教学，则视个别分组需求另外安排教学训练。而课程作业的设计则主要通过因特网资源与学术期刊论文的阅读，以及专家演讲，来让学生学习与思考 BIM 的技术发展与应用。最后，通过分组的案例（专题）实作，让学生较深入地整合及应用土木专业知识与 BIM 技术，并互相观摩学习。

课程分成以下四个主轴进行。

2.1 课堂讲课与小组讨论

每周三小时的授课时间以课堂讲课为主，建模工具软件介绍及分组讨论为辅。讲课首重 BIM 基本概念及工程界面临的挑战与机会的阐述，并分工程生命周期各参与角色，包括业主、设计、规划、施工、营运等面对 BIM 技术的因应。课程中亦介绍世界各国 BIM 发展概况与实作案例。

2.2 课程作业

课程作业的主要设计旨在让学生通过因特网上随手可得之资源、学术期刊论文、与邀请专家演讲，来学习与思考 BIM 的技术发展与应用，并让授课老师能了解学生的学习状态。此外，学生也需要于期中上交期末分组专题计划的计划构想，及于期末缴交分组期末专题计划的成果报告。

2.3 建模工具介绍与实作教学

为了让同学有实际使用 BIM 工具的初步能力与体验，本课程除了简介国内常见的 BIM 工具外，也特别安排了 BIM 建模工具 Revit 的使用教学，通过范例模型的建构，让同学们有实际应用 BIM 软件工具的基本知识与经验。

在 2011 年春季本课程刚开授时，仅就 Revit 工具的功能与操作安排上机学习课程，但缺乏一个共同的建筑案例来链接工具应用与工程实务，并方便同学们共同观摩与讨论学习。因此，2011 年秋季班时便以"计算机辅助建筑制图丙级技术士技能检定术科测试试题"中所描述的一栋建筑物为蓝

本，设计一个共同案例（图1），要求每位同学都需先学会将图1案例的BIM建筑模型建构起来。在尔后的分组案例实作中也以此共同案例为基础，并依各组所被赋予的任务，进行此BIM模型的应用

实作。到了2013秋季班，因图1案例建筑离实务还有段差距，因此便改成了"计算机辅助建筑制图乙级技术士技能检定术科测试试题"中所描述之一栋建筑物为蓝本来设计共同案例（图2），

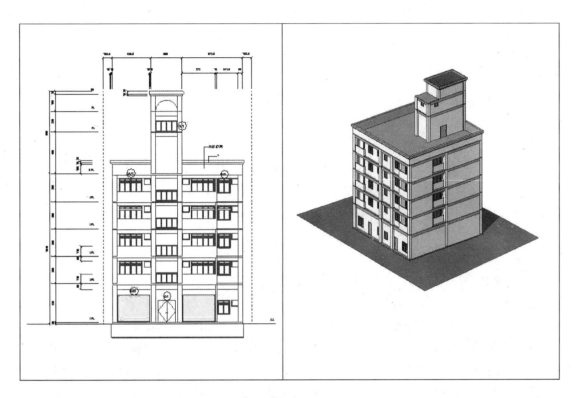

图1 2011年秋季班的共同案例

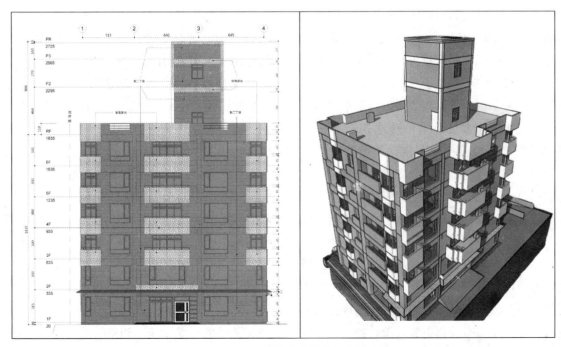

图2 2013年秋季班的共同案例

并录制在线教学影片，供同学们自己学习如何应用Revit来将此案例模型建构出来，目前此部分教学影片已整理成台大开放式课程网中（http：//ocw.aca.ntu.edu.tw/ntu-ocw/）的"从案例演练中学习 BIM 建模"课程，供各界免费自由学习。

2.4 分组案例实作

本课程在分组案例实作部分进行了多种尝试。在 2011 年春季本课程刚开授时，从课程一开始就将学生分组（四名学生一组），并预先规划了各组期末案例专题的题目方向。各组组成由授课教师依分组题目性质、学生在开课第一天的问卷调查所填写的意向和专长，以及同学是否愿意同组的意愿，来进行指定分配。这学期由于台大土木 BIM 研究中心刚完成一项协助台北市捷运局导入 BIM 技术的教育训练活动，加上捷运局正推动在新的工程案件中正式导入 BIM 技术应用，并已进行先导案例研究，相关信息搜集较丰富，且也能取得一些捷运设施 BIM 模型供课程应用，因此规划了较多捷运方面的案例实作题目。其他案例则与台大土木BIM 研究中心及计算机辅助工程组正进行或拟推动的研究计划相关，主要也是考虑到较易搜集资料，并能提供学生较多的学习资源与专家协助。

到了 2011 年秋季班，因为有了共同的案例模型，便在同学们都学会应用 Revit 建构案例模型后，将修课学生按照不同营建阶段的工作任务分组（各组之组成方式同前）。其中建筑规划组任务主要为空间规划，并于期末进行建筑物改造及小区规划设计；节能分析组主要任务则是通过 BIM 相关工具进行建筑物理环境模拟，包括建筑节能分析工作，并通过绿建筑概念提出改善方案；结构分析组的任务除结构分析外，也要能达到协同作业的效果，亦即：配合建筑设计组的要求与设计进行结构分析，并检核是否符合规范，再经由来回讨论协商以确定最终设计；机电管线设计组的任务则是进行案例建筑的机电管线设计，但由于该组的学生均没有机电管线设计或实作经验，因此首先安排他们前往工程顾问公司学习有关机电管线设计的实务，接着才进行 BIM 机电管线设计工具的学习，最后配合建筑项目完成 BIM 模型的部分机电管线设计；工程估价组的任务主要集中于该如何建置出可计算的模型，并探讨目前 BIM 技术在估算上的应用；营建管理组的工作为学习使用 4D 仿真软件，并在过程中建立起使用 4D 软件时的工作流程，最后以4D 可视化的动态仿真来呈现施工流程与排程信息，协助项目管理人快速理解信息、评估施工方法并规划施工进度。接下来几个学期，或许分组略有不同，但进行模式大致相同。

到了 2013 年秋季班，案例建筑已更贴近实务，同学们除了个别外都已学会应用 Revit 建构案例模型，其分组案例实作的部分则分成两阶段：第一阶段为进行共同案例建筑的数量估算与 4D 模拟应用；第二阶段则为各组自定义主题的专题实作。

3 教学过程

3.1 课堂讲课

每周上课以下列议题为主进行课堂讲授，并搭配邀请校外实务专家来演讲，介绍 BIM 技术与应用的基本观念：什么是 BIM 技术？BIM 技术的发展与应用、BIM 技术工具、4D BIM 工程仿真与管理、BIM 与节能减碳、BIM 模型发展程度、BIM模型信息之共享与交换、BIM 与设施维护与管理、BIM 合约与智慧财产议题、BIM 协同作业、BIM与组织、BIM 指引与实施方针、BIM 执行计划、BIM 的挑战与机会等。为了改变在课堂中仅由教师单向讲授的模式，创造出更多让同学们思考与讨论的机会，近年来正逐步导入翻转教室（flipped classroom）的模式，让同学于课前完成指定阅读或作业学习，然后在课堂中增加各种分组讨论与学习活动。由于同学们在信息技术、专业知识与实务经验上之背景与程度不同，对老师授课的理解自然也不同，因此，多通过讨论的方式来厘清学生们不同的困惑，的确有助于同学们的学习。

3.2 建模工具介绍与实作教学

BIM 的技术应用，以 3D 模型为运作的基础，3D 建模为 BIM 的起始，所以学生需以学会 3D

BIM建模操作为基本功，本课程除了课堂授课以外，另安排于晚上有共同的建模操作学习时间，由助教协助指导同学解决建模学习上的问题。自2013年秋季班起，更运用在线教学课程让同学们能在任何时间与地点自主学习，老师与助教只需在他们遇到困难时从旁提供协助即可。然而，案例模型的建模工作并不轻松且需历时数周之久，但有些学生会低估此工作所需投入时间与难度而太晚开始动手，因此还是得制定严格的进度要求，才能确保每位学生在此部分的学习成效。

3.3　分组讨论与期中报告

课程进行一段时间后，已完成案例实作分组，便会开始在课堂上提供一些时间让同学们进行分组讨论，以利于案例与期末专题实作的分工合作，教师与助教则依各组需求进行指导与协助。

学期中各组必须上台报告该组案例实作成果，以及期末项目的计划构想与目前进度。这种期中报告一方面可以鞭策各组进度，另一方面也是让同学们相互观摩学习，并思考讨论可以相互支持合作的机会。

3.4　期末成果展示

期末成果发表采用分组摆摊方式进行，学生除了需要轮流负责在该组摊位上说明该组期末成果外（图3），亦需到其他各组摊位去了解学习他组成果，并为他组评分。此外，也特别邀请多位产学界专家来进行评审，并在活动最后给予讲评。有好的成果，也鼓励同学们投稿到学术研讨会中进行分享报告。

图3　摆摊同学向来宾解说该组成果

4　结语

在这个数字、云端、触碰技术沸沸扬扬的年代，仿佛每个人都能变身电影"关键报告"中的未来警察约翰·安德顿，只要手指头轻轻一挥一抹，不但眼前画面能够凭空出现或消失，更能即刻上达天听，数据和信息的存取分享再实时不过，过往令人目眩神迷的情节，如今业已成真。而对一般人印象中不那么"高科技"的建筑产业来说，BIM技术可以说是在虚拟空间进行拟真营建模拟的科技实现，通过数字化的模型建构、管理与应用，整合建筑信息，并超越时空的限制，以虚空间在工程生命周期中的各阶段作业进行拟真的仿真，不但能更积极地整合工程生命周期中的各项作业，降低工程的成本与错误，提升工程的质量、效率与安全，也能有效地响应现今工程在可持续发展与节能减排方面的需求。

BIM技术之应用在国际上已蔚为风潮，先进国家的政府与业界皆已积极投入，而学术界虽早已开始研究相关课题，但正式以BIM为主轴而专门开设的学分课程，在国内外皆还不多见。笔者在2011年春季大胆开设相关课程，乃是觉得应让同学们有机会学习这项跨土木专业与信息应用领域，且具有未来性的新科技。而且，以目前发展趋势看来，产业对具有BIM技术的专业人才的需求只会快速成长，如果学校教育不赶紧响应，将来人才的供给不足，恐将会是阻碍产业进步的最大瓶颈，若因此造成滥竽充数，甚至劣币逐良币的问题，更可能扼杀BIM技术所带动的建筑产业升级的契机，就非国家社会之福了。

在教学相长中，经过数个学期的授课，课程架构、教材内容与授课方式虽已渐趋稳定，但仍还有许多需要持续改进的地方，例如教材需要与BIM技术的持续发展与时俱进、案例实作还可以更贴近工程实务等。而且本文所分享的课程设计，仅是一个教授BIM技术的可能，针对不同的学习族群与教育目的，应还可以发展出许多不同的课程设计，例如，应用BIM技术翻转土木工程大学教育之可能[4]。也可以发展更进阶的课程，例如笔者自2013年春季在台大土木系为学习过"BIM 技术与应用"的同学们所开授的"BIM 导入实务与演练"课程。因此本文在此仅是抛砖引玉，期望更多的老师能在土木工程教育中，开发出多样化的 BIM 课程单元或完整课程，为培育新时代营建产业的 BIM 人才共同努力。

参考文献

[1] C. Eastman. Building Product Models：Computer Environments Supporting Design and Construction[M]. CRC Press，1999.

[2] C. Eastman，P. Teicholz，R. Sacks，K. Liston. BIM Handbook：A Guide to Building Information Modeling for Owners，Managers，Designers，Engineers and Contractors，2nd Ed.[M]，Wiley，2011.

[3] 郭荣钦，谢尚贤. BIM 概说与国内推行策略[J]. 中国土木水利工程学刊，2010，37(5)，8-20.

[4] 谢尚贤. 土木工程教育之 BIM 狂想曲[J]. 营建知讯，2010，349：54-56.

海外巡览

Overseas Expo

BIM 在全球建筑业应用现状

寿文池[1]　汪　军[1]　王翔宇[1]　杨　宇[2]

（1. 科廷大学澳亚 BIM 联合研究中心，澳大利亚；2. 重庆大学建设管理与房地产学院，重庆）

【摘　要】建筑信息模型（Building Information Modeling，BIM）作为一种能够通过创建并利用数字化模型实现对建设工程项目进行设计、建造及运营管理的现代信息技术平台，以其集成化、智能化、数字化以及模型信息关联性等特点，为参与建设工程项目的各方创建了一个便于交流的信息平台。近年来，BIM 技术在建筑业日益得到重视和实际应用。该论文通过对全球 42 份 BIM 标准/指南的分析研究，归纳提出了目前 BIM 应用实践中的 31 项应用点，并基于对已发表的高水平论文中相关案例的分析研究，归纳总结出 13 个已经较为广泛地应用实施的 BIM 应用点的具体应用情况。

【关键词】BIM；BIM 应用；全球；建筑工程行业

Current Situation of BIM Implementation

Shou Wenchi[1]　Wang Jun[1]　Wang Xiangyu[1]　Yang Yu[2]

(1. The Austral-Asian Joint Research Centre for Building Information Modeling,
Curtin University，Australia；

2. School of Construction Management and Real Estate，Chongqing University，
Chongqing)

【Abstract】Building Information Modeling（BIM）is information technology platform，which can be used to project design, construction and maintenance management. Meanwhile，it is also a communication platform that allows all the participants share techniques and knowledge with each other. Therefore，BIM is leading a new pattern of project management model. This paper demonstrates the emerging research on BIM uses in global，31 BIM uses are screened from 42 BIM standards/guidelines，and 13 uses are verified in 40 case studies in journal articles.

【Key Words】Building Information Modeling；BIM uses；global；architecture/engineering/construction industry

1 引言

2002 年作为全球最大的二维和三维设计、工程及娱乐软件的领导者欧特克（Autodesk）有限公司推出了建筑信息模型（Building Information Modeling，BIM）的概念。BIM 作为数字建模软

件的总称，在虚拟环境中将真实的建筑信息参数化。基于此数字化模型平台，从设计、施工到最后的运营维护，实现整个建筑项目全生命期信息的共享和改进[1,2]。BIM技术区别于传统CAD设计方式的一项重要特征是通过三维的共同工作平台以及三维的信息传递方式，实现设计、施工、运营全过程信息的协同与参与方工作方式的协同。建筑业信息化技术的发展弥补了建筑业信息技术落后的不足，创造了以BIM为核心平台的参与方协同工作模式，致力于确保工程建设全过程目标的统一。BIM为建筑业生产效率的提升和争端问题的减少提供了信息技术的支持。

建筑工程行业（Architecture Engineering Construction，AEC）是对与建筑业相关的工程项目设计、建造的总称。BIM作为一种能够通过创建并利用数字化模型实现对建设工程项目进行设计、建造及运营管理的现代信息技术平台，以其集成化、智能化、数字化以及模型信息关联性等特点，为参与建设工程项目的各方创建了一个便于交流的信息平台。近年来，BIM技术在建筑业日益得到重视和实际应用，并为研究和探索新的建设工程采购模式和相关制度提供了有效的现代信息技术支持。该论文通过对全球42份BIM标准/指南的分析研究，归纳提出了目前BIM应用实践中的31项应用点，并基于对已发表的高水平论文中相关案例的分析研究，归纳总结出13个已经较为广泛地应用实施的BIM应用点的具体应用情况。通过对以上资料的总结，归纳了目前BIM发展的特征。

2 BIM 简介

建筑信息模型的理念与应用始于美国，美国乔治亚理工学院的Charles Eastman在20世纪80年代其著作《建筑产品核查》（Building Product Models）[3]一书中就提出了信息模型的原理。随后2002年Autodesk的副总裁Phil Bernstein首次提出并使用Building Information Modeling这个术语阐述该公司AEC相关产品的功能设计理念[4]，AEC行业由此走上了BIM快速发展的道路。

Eastman在《BIM手册》中将BIM定义为[5]：

"BIM不仅仅是三维数字化建模技术，作为包含建筑构件参数化信息的建筑物模型，它可以实现项目信息全生命周期的流通和交互"。BIM不仅仅是一件事物或者一种软件，而是"人的活动"，一种牵涉广泛的工程管理流程改造的活动。

BIM自出现以来就被设计人员、承包商和供应商广泛采用，以减少成本、提高质量。公共和私人业主对BIM的需求也逐渐增加并广泛将其应用在复杂工程项目中。斯坦福大学CIFE（Centre for Integrated Facility Engineering，CIFE）研究中心报告指出BIM在全球的应用正逐步扩大深入。麦克格劳希尔（McGraw-Hill）公司报告认为BIM的应用在2008年达到了高峰，更多的团队开始使用BIM而不仅仅是尝试。BIM标准的制定、电子数据许可和文件传输等问题的逐渐解决也促进着BIM应用的增多。

BIM的参数化和智能化特征可以支持建筑的虚拟设计，建造和运营。BIM从根本上使参与方在项目设计和施工过程中实现了最大程度的知识和经验的分享，交流以及工作效率的提升[6]。软件开发方面，Autodesk、Bentley和Graphisoft三家公司率先将BIM概念应用到产品开发中。自此，这些软件开发商（随后又有Tekla等许多厂商陆续加入）就纷纷进入推出BIM理想工具的竞逐中。

3 全球 BIM 应用（推动）情形

BIM在AEC行业应用的终极目标是实现BIM模型中的建筑物与建设管理信息的无障碍交换，以及不同BIM软件间的信息互通，实现该目标的第一步是建立统一的数据交换格式标准。2003年，美国总务管理局（General Services Administration，GSA）推出了国家3D-4D-BIM计划，并发布了系列BIM指南[7]。美国率先在2007年底推出《美国国家建筑信息模型标准》（United States National Building Information Modeling Standard）[8]，第二版也于2012年5月问世[9]。欧美主要先进国家及亚洲的韩国、新加坡等，皆已积极地推广BIM应用，并进行技术研发，提高本国建筑企业的全球竞争力。英国于 2009 年发布了"AEC（UK）BIM 标准"，2010 年 4 月发布了第一版由英国建筑业十几个公司的专家共同编写的，旨在指导和支持英国建筑业中所有采用 BIM 技术（Revit 平台）的工程项目作业流程行业标准 AEC（UK）BIM Standard for Autodesk Revit。第二年，又发布了基于 Bentley 平台的工程项目作业流程行业标准[10]。2011 年 6 月，英国政府正式宣布所有的政府工程在五年内必须使用 BIM[11]。新加坡在 2010 年要求公共工程全面应用 BIM 在工程设计和施工环节中，要求 2015 年所有公私建筑通过 BIM 模型送审及按照 BIM 模型兴建[12]。2012 年，新加坡政府发布了新加坡 BIM 标准。韩国在 BIM 技术应用上也十分领先。2010 年 1 月韩国国土海洋部分别制定了建筑和土木两个领域的 BIM 应用指南，详细地说明了开发商、建筑师和工程师采用 BIM 技术时必须注意的方法及要素[13]。除了以上提及的几个国家的 BIM 标准发展外，北欧，中国香港，加拿大，澳大利亚等国家和地区近年来也积极倡议推动 BIM 的概念与应用。表 1 列举了目前各国（地区）BIM 应用（推动）情形。

全球 BIM 应用（推动）情形　表 1

国家/地区	buildingSMART组织成员	用户（单位）	应用（推动）情形
美国	是	美国建筑师协会	2008 年提出彻底改变传统建筑设计思维，以 BIM 为手段，集成各项作业流程
		美国总务管理局	强制采用 BIM
		美国海岸警卫队	所有建筑项目人员都必须使用 BIM
挪威、芬兰	是	私人企业推动	采用 BIM
英国	是	伦敦地铁系统	2009 年伦敦地铁系统以 BIM 为平台集成 29 座新建车站及全线设计与施工

续表

国家/地区	buildingSMART组织成员	用户（单位）	应用（推动）情形
丹麦	是	公共项目超过两百万欧元者	必须使用 BIM、IFC
中国香港	是	开发者	推动使用 BIM
		香港房屋委员会	自行订立 BIM 标准、用户指南、组建资料库等，在 2014～2015 年将 BIM 应用作为所有房屋项目的设计标准
日本	是	学界和企业界	开始研究 BIM 及其应用
韩国	是	已成立 buildingSMART组织及全国性 BIM 发展项目计划	庆熙大学发展 eQBQ（e-Quick-Budget Quantity）系统，首尔国立大学研究加强韩国建造业的安全性表现
新加坡	是	CORENET执行委员会	首创自动化审批信息系统（Electronic Plan Checking Systems）。2010 年新加坡公共工程全面以 BIM 设计施工，要求 2015 年所有公私建筑以 BIM 送审及兴建
澳大利亚	是	澳大利亚工业、创新、科学、研究和高等教育部	2009 年公布国家数码模型指引，2012 年发布《国家 BIM 行动方案》，2016 年 7 月 1 日起所有澳大利亚政府的建筑采购要求使用基于开放标准的全三维协同 BIM 进行信息交换
中国	是	设计研究机构及民间企业	城市大型建筑物已采用 BIM 技术

4　BIM 应用概述

BIM 应用是指 BIM 在项目全生命期的 BIM 应用，一个 BIM 应用点是一项独特的任务，在 BIM 与项目过程结合中发挥功效。美国 Building SMART 联盟发布的《BIM 项目执行指南》中总结了 25 个 BIM 在工程全生命期的应用点，如表 2 所示[14]。这个版本也将作为后面 BIM 应用点分析的指导模板。正如指南中所说，该表并不意味着每个项目都适用所有这 25 个应用点。重要的是要理解项目中为何要使用此项应用，并且设定应用目标。BIM 应用点可以让我们理解 BIM 在项目不同阶段的功能以及目前实践中 BIM 的成熟度。

BIM 在项目全生命期的应用[14]　　　表 2

阶段	BIM 应用	
计划	创建现有环境模型	阶段计划
	成本估算	场地分析
设计	设计审查	机械分析
	设计制作	其他工程分析
	能源分析	可持续性评估
	结构分析	规范审查
	查明分析	
施工	3D 协同	数字化建造
	场地利用计划	3D 控制和计划
	施工系统设计	
运营	记录模型	资产管理
	维护进度计划	空间管理/追踪
	建筑系统分析	灾害预防

4.1　BIM 标准/指南中的 BIM 应用

4.1.1　BIM 标准/指南中的 BIM 应用概述

将"BIM"，"Building Information Modelling"与"guideline"，"standard"组合作为搜索词条收集全球已在网络发布的并能够通过 Google 检索到的 BIM 标准和指南，从搜索引擎中获取 42 份（表3）由不同国家和地区发布的 BIM 标准/指南，都是关于建筑业的 BIM 应用（图 1）。从数量上初步

判断，BIM 在建筑领域的应用和讨论还在持续增加。这 42 份 BIM 标准/指南来自 11 个国家和地区，其中一半以上由美国发布。

全球已发布的 42 份 BIM 标准/指南　　表 3

国家/地区	数量	发表时间（年）	主题
澳大利亚	4	2009，2011，2012	AEC 行业，机械、电力和管道（Mechanical，Electronica and Plumbing，MEP），设施管理（Facility Management），传统工程采购模式（Design-Bid-Build），设计建造总承包模式（Design-Build），承包商（Contractor），建筑师（Architect），BIM 软件（BIM software）等
新西兰	1	2014	
美国	23	2007～2013	
中国香港	1	2011	
丹麦	1	2007	
西班牙	1	2011	
芬兰	2	2012～2007	
荷兰	1	2012	
英国	4	2011～2013	
挪威	2	2011，2012	
新加坡	2	2010，2012	

通过对 42 份 BIM 标准/指南的分析，总结出 31 个 BIM 应用点。与上文所列美国 BuildingSMART 联盟总结的 BIM 应用相比，设计阶段增加了设计可视化和虚拟测试两项，施工和设施管理阶段 BIM 标准/指南中开始关注 4D 进度计划和施工顺序和 COBie。图 2 展示了标准/指南中 BIM 应用点统计。统计数据清楚的展示了目前 BIM 在建筑业的应用状况。从中也可以看出，目前 BIM 的应用主要在计划、设计和施工阶段。该图也强调了目前 BIM 的典型应用：创建建筑空间和材料设计模型、创建结构模拟和水电管网模型。

传统的建筑实践要求同样的信息被不同的组织结构多次使用，相同的信息进入不同的系统中发挥特定的功能，例如结构分析、规范审查、材料清单或者成本估算。每一次信息重复都有可能发生信息的不连续或错误，而且即使是以电子数据的形式传输的数据也会发生更改或错误。以二维图纸为主要形式的建筑设计，工程各参与方在使用过程中都十分小心，以确保所使用的图纸版本更新的及时性。承包商和投资人通常使用设计人员提供的纸质材料，将工程设计方案二次输入自己所用的系统中。在设计发展中，每一次的设计变更都必须通知每一

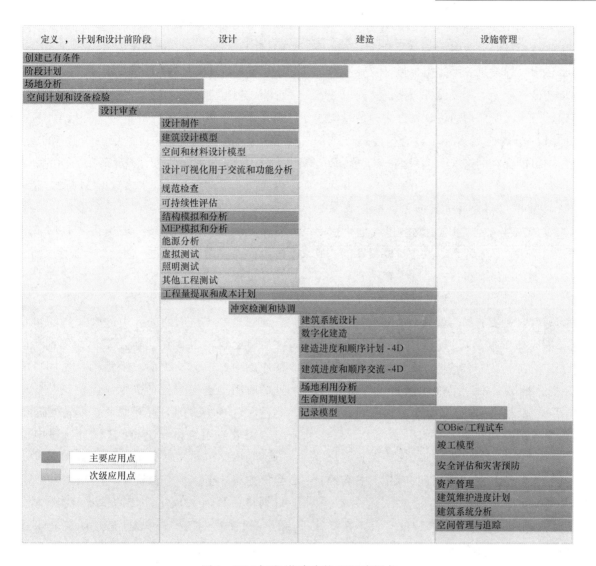

图 1   BIM 标准/指南中的 BIM 应用点

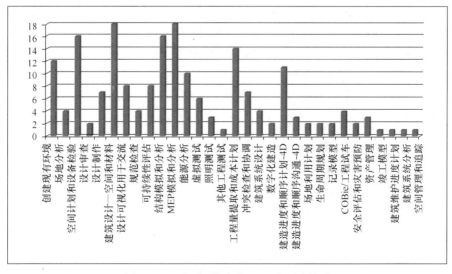

图 2   BIM 标准/指南中 BIM 应用点统计

方并在每一份相关文件中作出修改。在此过程中，经常发生修改不及时或遗漏的情况，导致工程的延期和浪费发生。建造过程中，由于设计、施工二者间的隔离和信息闭塞，导致设计方案无法施工或者施工错误，基于图纸的沟通也让各方之间信息沟通困难。BIM 广泛的应用弥补了设计、建造、维护等全过程中可能存在的错误和浪费。

4.1.2　BIM 应用分析

BIM 是数据丰富、目标导向、智能化和参数数字化的设施展示平台。BIM 模型包含地理、空间关系、几何信息、工程量以及建筑要素性能、成本估计、材料存储和项目进度等所有信息。BIM 所具有的这些特征使得 BIM 成为建设项目全寿命期的展示平台，业主和其他参与方能够重新定义工作范围，生成高质量 3D 设计图，支持 4D 进度规划和 5D 成本估算，并优化设施管理和维护。通过对全球 42 份 BIM 标准/指南的分析可以发现：

- BIM 在设计阶段的应用点主要有创建既有环境，设备安装空间验证。

- 只有 4 个 BIM 标准/指南中提及了规范审核，然而在实际应用中，还不能在 BIM 中实现自动规范审查。

- BIM 作为可视化工具与协同平台，在设计可视化用于项目交流和功能分析这项 BIM 应用点上，统计数据显示不到一半的 BIM 标准/指南中涉及了该点。

- BIM 4D 功能主要用于建设工程阶段计划，实现工程承包商之间关于设计方案和空间作业顺序的顺利沟通。然而通过 BIM 标准/指南的分析可以了解，BIM 作为 4D—建设进度与工序的交流功能并没有很好发挥，也就是说 BIM 与项目进度结合用于最终用户与设施管理人员的功能并没有实现，

只有一半的 BIM 标准/指南在此方面作出了规范，BIM 4D 应用点在全球还未普及。

- 成本计算有两个层面的含义：一是指在设计阶段根据业主提供的工程量，基于建筑尺寸与建筑面积等参数计算工程成本；二是指与 4D 工程进度相结合，根据工程进度计划产生相应的成本现金流。BIM 5D 主要是为了实现第二层面的随着工程进度的成本计划，然而大多数 BIM 标准/指南中所讨论的 BIM 成本只停留在第一个层面。

- 在设施管理阶段，虽然目前 BIM 在设施管理阶段的应用还比较弱，但已经有很多文件开始讨论在工程设计和建造阶段加入设施管理 COBie 功能，实现 BIM 在设施管理阶段的功能。

BIM 在项目周期的应用：从以上 BIM 应用概述可以了解，BIM 在建筑业全生命周期各阶段中的应用均处于增长状态。然而，虽然 BIM 在建筑业的应用呈现向全生命周期扩大的趋势，BIM 在运营/维护阶段的应用依然处于初期发展阶段。

BIM 应用维度：3D 建筑设计、机电管网设计、结构模拟和详细分析是目前 BIM 的主要应用点。建筑业也逐步意识到 4D 进度模拟和 5D 成本计划将是 BIM 发展下一步的重要内容，从已发布的 BIM 标准/指南中可以了解，现在全球 BIM 发展都开始从理论层面关注 4D 和 5D 的 BIM 应用。

4.2　BIM 在文献案例中的应用

4.2.1　BIM 在文献案例中的应用概述

通过 BIM 应用相关的文献搜索，整理出 40 篇 BIM 应用文献。对文献中的 BIM 应用案例进行分析，将该 40 个 BIM 应用案例归为 13 种 BIM 应用（表 4）。本节研究目的在于分析出 13 个 BIM 应用的研究水平以评估 BIM 的整体应用程度。

已发表的期刊文献中 40 个案例分析和 13 个主要 BIM 应用　　　　　　　　表 4

BIM 应用	项目类型	重点	参考文献
采购	工业研究和开发项目	集成 BIM 模型驱动的建筑设计、服务导向的建筑设计和云计算，实现电子采购	[19]
可持续性设计和分析	Salisbury 大学	建立基于 BIM 可持续性分析和 LEED 鉴定流程二者间的关系；使用基于 BIM 的可持续性分析软件结果可以直接或间接的准备支持的 LEED 认证的文件	[20]

续表

BIM 应用	项目类型	重点	参考文献
可持续性设计和分析	学生宿舍	基础参数化方法开发，将气候和场地数据集成到大型建筑项目的动态模型中，以支持在早期设计阶段建筑设计决策	[21]
	新社区应急服务站设施	使用新数据技术开发资源有效的建筑设计流程，帮助项目团队探索提高建筑设计质量的新模式	[22]
	总部大楼	BIM 可以极大协作外形复杂项目的完成情况分析，确保项目设计不断优化	[23]
安全设计和管理	住宅建筑	基于商业的 BIM 平台，开发基于安全规范的建筑模型和进度计划的自动安全检查	[24]
	香港 TKO 运动场	开发在大型建设项目中基于虚拟原型（Virtual Prototyping，VP）的安全管理系统	[17]
	学校建筑	集成 BIM、位置追踪、增强现实技术，提出安全管理和可视化系统框架	[25]
设计方案的选择和优化	高层建筑结构	开发结构化基于 BIM 的设计程序，增加方案选择效率和获得优化结果，提高建筑的可建造性、结构安全和建筑资金有效性	[26]
运营和维护	Concordia 大学	集成 BIM 和 RFID 用于防火设备的检查和维护	[27]
	校园建筑	基于 BIM 的设施管理用于维护计划	[28]
	环境研究机构建筑	应用虚拟传感器于建筑中地板下资源消耗和暖气舒适度估算	[29]
	消防车库	提出了一个新的严谨的基于 BIM 的运作方式，用于探索建筑条件对人群在疏散过程中行为的影响	[30]
	台湾某学校	开发了基于 BIM 的用于设施管理经理和所有工作人员的设施管理系统	[31]
供应链（Supply chain）管理	West Georgia 大学	将 BIM 和地理信息系统（Geographic Information Systems，GIS）结合为一个独立系统，对采购材料实现供应链状态追踪和发出警告	[32]
施工计划和管理	70 层办公大楼	使用工程 VP，将工程项目产品、流程和资源模型集成为一体，可以支持在虚拟环境中的工程计划	[33]
	台湾北部建筑项目	提出一个界面系统，使用 BIM 工程量提取功能，提取制定材料工程量以支持场地层级的运营模拟，最后产生项目进度计划	[34]
	Concordia 大学	BIM 与 RFID 集成，用于热能，通风和空调（Heating, Ventilation and Air Conditioning，HVAC）构件的进度监测和全生命期管理	[27]
	钢结构项目	集成 BIM and RFID 技术	[35]
	台湾高校建筑项目	应用多维度 CAD 模型，Object Sequencing Matrix（OSM）和 Genetic Algorithms（GAs）在建设项目中，产生时间—成本集成化工程进度	[36]
	国家体育场，广州西塔，青岛海湾大桥	开发 BIM 和基于 4D 集成的，建设过程中冲突和结构安全问题的分析和管理解决方案	[37, 38]

BIM 应用	项目类型	重点	参考文献
施工计划和管理	Worcester 铁路法院	BIM 在建筑后勤和进度追踪中的应用	[39]
	某工业建筑	建筑活动自动化管理系统,包括三个方面:基于图像识别的自动获得追踪子系统、自动材料追踪子系统和移动计算支持的交流环境	[18]
	英国某医院	开发 BIM 支持的工具,可以实现现场工人使用移动平板电脑获取设计信息,获取现场工作质量和进度数据	[40]
质量管理	厂房设施和附属的居住建筑	误差分析法用于点云模型生成的既有 BIM 模型的质量评估	[41]
	校园建筑	运用 BIM 和激光扫描技术,进行质量评估	[42]
自动建筑设计审查	美国某法院	空间数据库用于建筑设计自动审查系统	[43]
	固定资产	安全规范审查技术,不取代人工判断,但是支持安全专家,设计人员,工程师和现场工人的人工决策制定	[44]
	住宅建筑	基于仿真结果和建筑规范的建筑立面设计,新的集成方式用于自动规范审查	[45]
制造	住宅建筑	基于 BIM 设计和预制工具	[46]
	医药馆	基于 BIM 的设计到建造的建筑采购	[47]
	机场	BIM 用于设计、制造和安装	[48]
	居民设施	建立自动设计和制图的方法,用于基于平台建设框架的居民设施制造	[49]
信息集成、管理和可视化	台湾大学工程项目	提出有效解决不同参与方和工程应用系统的集成项目信息和系统平台问题的方案	[50]
成本管理	教学楼	研发基于 BIM 的建筑成本应用软件	[15,16]
	教学楼	建立基于 IFC 的建筑产品信息成本估算模型	[16]
	钢筋混凝土结构	BIM 工程量估算	[51]
工程试车	住宅建筑	基于 BIM 的工程试车和采购	[52]
	建筑项目	多维度建筑数据管理用于持续试车	[53]
	医院	识别 BIM 在医院项目试车运用的益处	[54]

由于已有的 BIM 工具和平台不够成熟和完善,通过文献回顾发现一些研究人员通过开发出新的解决方案以提高 BIM 的应用表现。一种方式是创建新的系统。例如 Ma 等[15,16]开发了基于 BIM 的自动工程量计算和成本估算的工具,以减少人工劳动和错误。另一种方式是基于已有的 BIM 系统开发附加功能。例如 Guo 等[17]在已有的可视化模型技术上开发了提高工程安全性的管理工具,提高建设项目的安全表现。也有研究人员展示目前 BIM 工具集成化提高项目成果方面研究。Rebolj 等[18]介绍了联合方式的自动工程活动管理系统,该系统包含以下 3 个子系统:基于图形识别的自动活动追踪子系统,自动材料追踪子系统,以及一个移动计算支持的交流环境。

4.2.2 BIM 应用分析

通过 40 个从期刊文献中整理的案例分析,BIM 目前在实践中的应用具有以下三个方面的特征:

(1)全生命期(全过程)信息管理:BIM 不仅仅是设计阶段的应用,BIM 定义中也包含"项目全生命期相关的所有信息"。工程团队根据模型中的信息关联,预先了解工程在施工时可能会发生的问题，事先改变施工方案和路径等，降低建筑过程中的风险，减少了变更成本；BIM可以实现各个参与方基于同一个模型进行沟通。各参与方工作整合到同一模型平台，提前发现潜在的冲突，各方也更加清楚各自的工作范围和内容，降低了传统二维图纸的沟通成本；另外，这一项也意味着BIM包含评价设备操作和优化效用、可持续性等功能信息，在建筑物使用阶段，业主或使用方可以应用BIM模型进行设施的维护和管理。BIM应用从项目初始策划阶段到最后的拆除，在项目全生命阶段提高项目信息管理能力。

（2）自动化工具：BIM作为"可计算的展示模型"，BIM的每一项显示都是自动产生。例如，截面图和正面图只是BIM的不同展示界面，如果对平面图作出变更，来自同一个建筑模型的截面图和正面图都会自动发生改变，进度计划、工程量明细表或者其他相关信息也都自动变更。这一项增加了设计的有效性，也消灭了图纸间的不一致问题。对于后续的工作团队，不需要依靠大量的图纸、文件等二维信息了解建筑项目，避免了从二维信息转为三维模型过程中的信息缺失和理解误差。另外，BIM包含关于对象属性的数据，这些属性可以提取到进度计划、材料清单或者其他可以打印、评价或可以在其他软件中进行分析的数据中。所有这些数据均来源于中央模型，模型反映了最当前的设计，再次减少了错误的可能性。大部分BIM模型或工具的应用主要用于减少人工劳动和错误，以提高项目整体生产效率。

（3）技术集成平台：新技术的出现，包括RFID技术，激光扫描技术，云计算技术等，集成到BIM平台，实现在BIM平台下对工程进度、质量和成本的实时追踪，有效提高项目成果。

5 结论

本文结合目前已经发布的BIM标准/指南与文献期刊中的BIM应用实践，对BIM应用点与BIM应用状况进行了总结和分析。BIM应用已经延伸至工程项目全过程中，BIM作为信息集散的综合协同作业平台，在建设工程项目管理中，其应用将

能推动工程建设领域生产效率的提升和发展。

参考文献

[1] 何关培. BIM和BIM相关软件[J]. 土木建筑工程信息技术，2010，4.

[2] 何清华，钱丽丽，段运峰，李永奎. BIM在国内外应用的现状及障碍研究[J]. 工程管理学报，2012(1)：12-16.

[3] Eastman, Charles M. . Building Product Models：Computer Environments Supporting Design and Construction[M]. CRC Press. 1999.

[4] Jones, V. R. , B. K. Marion, R. L. Zeiss. The Theory of Foraging. 2nd[M]. B. J. Bloggs. Book New York：Smith and Barnes. 1976，534.

[5] Eastman, C. , P. Teicholz, R. Sacks, K. Liston. BIM handbook[M]. Hoboken, New Jersey, USA：John Wiley & Sons, Inc. ，2008.

[6] 杨宇，寿文池，汪军. IPD在BIM项目中的应用研究—以重庆DC大厦为例[J]. 科技进步与对策，2012. 29(18)：115-118.

[7] Shehu Z, Akintoye A. Construction programme management theory and practice：Contextual and pragmatic approach[J]. International Journal of Project Management，2009.

[8] Sciences, N. I. o. B. United States National Building Information Modeling Standard. Version 1. 2007. National Institute of Buiding Sciences：http：//www. wbdg. org/pdfs/NBIMSv1 _ p1. pdf.

[9] Sciences, N. I. o. B. United States National Building Information Modeling Standard. Vision 2. 2012. National Institute of Building Sciences：http：//www. nationalbimstandard. org/.

[10] Chair, A. U. AEC (UK) CAD & BIM Standards Site.

[11] Manager, C. BIM to be compulsory on all government projects[J], Consturction Manager 2011：http：//construction-manager. co. uk/news/bim-be-compulsory-all-projects/.

[12] Authority, B. a. C. BCA's Building Information Modeling Roadmap. Building and Construction Authority, Singapore Government：http：//www. bca. gov. sg/newsroom/others/pr02112011 _ BIB. pdf. 2011.

[13] Korea, B. National Architectural BIM Guide, 2010,

BuildingSMART.

[14] Group, C. I. C. R. BIM project execution planning guide. Pennsylvania State University, 2010.

[15] Zhiliang, M., et al. Intelligent Generation of Bill of Quantity from IFC Data Subject to Chinese Standard. Glodon , Inc. Beijing, 2011.

[16] Ma, Z., Z. Wei, X. Zhang. Semi-automatic and specification-compliant cost estimation for tendering of building projects based on IFC data of design model[J]. Automation in Construction, 2013, 30: 126-135.

[17] Guo, H., H. Li, V. Li. VP-based safety management in large-scale construction projects: A conceptual framework[J]. Automation in Construction, 2012.

[18] Rebolj, D., et al. Automated construction activity monitoring system[J]. Advanced Engineering Informatics. 2008, 22(4): 493-503.

[19] Grilo, A. R. Jardim-Goncalves. Challenging electronic procurement in the AEC sector: A BIM-based integrated perspective[J]. Automation in Construction. 2011, 20(2): 107-114.

[20] Azhar, S., et al. Building information modeling for sustainable design and LEED rating analysis[J]. Automation in Construction. 2011, 20(2): 217-224.

[21] Chronis, A., K. A. Liapi, I. Sibetheros. A parametric approach to the bioclimatic design of large scale projects: The case of a student housing complex [J]. Automation in Construction. 2012, 22: 24-35.

[22] Kim, H., A. Stumpf, W. Kim. Analysis of an energy efficient building design through data mining approach [J]. Automation in Construction, 2011, 20(1): 37-43.

[23] Azhar, S., J. Brown, A. Sattineni. A case study of building performance analyses using building information modeling[C]. in Proceedings of the 27th International Symposium on Automation and Robotics in Construction (ISARC-27), Bratislava, Slovakia. 2010.

[24] Zhang, S., et al. Building information modeling (BIM) and safety: Automatic safety checking of construction models and schedules[J]. Automation in Construction, 2013, 29: 183-195.

[25] Park, C. -S., H. -J. Kim. A framework for construction safety management and visualization system [J]. Automation in Construction, 2012.

[26] Lee, S. -I., J. -S. Bae, Y. S. Cho. Efficiency analysis of Set-based Design with structural building information modeling (S-BIM) on high-rise building structures[J]. Automation in Construction, 2012, 23: 20-32.

[27] Motamedi, A., A. Hammad. RFID-assisted lifecycle management of building components using BIM data [C]. in Proceedings of the 26th International Symposium on Automation and Robotics in Construction (ISARC 2009), Austin, USA. 2009.

[28] Akcamete, A., B. Akinci, J. Garrett. Potential utilization of building information models for planning maintenance activities[C]. in Proc., Proceddings of the International Conference on Computing in Civil and Building Engineering. 2010.

[29] Ploennigs, J., et al. Virtual sensors for estimation of energy consumption and thermal comfort in buildings with underfloor heating[J]. Advanced Engineering Informatics, 2011, 25(4): 688-698.

[30] Rüppel, U., K. Schatz. Designing a BIM-based serious game for fire safety evacuation simulations[J]. Advanced Engineering Informatics, 2011, 25(4): 600-611.

[31] Su, Y., Y. Lee, Y. Lin. Enhancing Maintenance Management Using Building Information Modeling in Facilities Management[C]. in Proceedings of the 28th International Symposium on Automation and Robotics in Construction. 2011.

[32] Irizarry, J., E. P. Karan, F. Jalaei. Integrating BIM and GIS to improve the visual monitoring of construction supply chain management[J]. Automation in Construction, 2013, 31: 241-254.

[33] Li, H., et al. Integrating design and construction through virtual prototyping[J]. Automation in Construction, 2008, 17(8): 915-922.

[34] Wang, W. -C., et al. Integrating building information models with construction process simulations for project scheduling support[J]. Automation in Construction, 2014, 37: 68-80.

[35] Xie, H., W. Shi, R. R. Issa. Using RFID and real-time virtual reality simulation for optimization in steel construction[J]. Journal of Information Tech-

nology in Construction, 2011.

[36] Feng, C. -W. , Y. -J. Chen, J. -R. Huang. Using the MD CAD model to develop the time – cost integrated schedule for construction projects[J]. Automation in Construction, 2010, 19(3): 347-356.

[37] Zhang, J. , Z. Hu. BIM-and 4D-based integrated solution of analysis and management for conflicts and structural safety problems during construction: Principles and methodologies [J]. Automation in Construction, 2011, 20(2): 155-166.

[38] Hu, Z. , J. Zhang. BIM-and 4D-based integrated solution of analysis and management for conflicts and structural safety problems during construction: Development and site trials[J]. Automation in Construction, 2011, 20(2): 167-180.

[39] Salazar, G. , et al. The use of the building information model in construction logistics and progress tracking in the Worcester trail courthouse[C]. in Joint International Conference on Computing and Decision Making in Civil and Building Engineering. 2006.

[40] Davies, R. , C. Harty, Implementing 'Site BIM': A case study of ICT innovation on a large hospital project[J]. Automation in Construction, 2013, 30: 15-24.

[41] Anil, E. B. , et al. Deviation analysis method for the assessment of the quality of the as-is Building Information Models generated from point cloud data[J]. Automation in Construction, 2013, 35: 507-516.

[42] Tang, P. , et al. Efficient and Effective Quality Assessment of As-Is Building Information Models and 3D Laser-Scanned Data, in Computing in Civil Engineering[J]. American Society of Civil Engineers. 2011: 486-493.

[43] Lee, J. -K. , et al. Development of space database for automated building design review systems [J]. Automation in Construction, 2012, 24: 203-212.

[44] Zhang, S. , et al. Automated Safety-in-Design Rule-Checking for Capital Facility Projects[C]. in 13th International Conference on Construction Applications of Virtual Reality, London. 2013.

[45] Tan, X. , A. Hammad, P. Fazio. Automated code compliance checking for building envelope design[J]. Journal of Computing in Civil Engineering, 2010, 24 (2): 203-211.

[46] Moya, Q. , O. Pons. Improving the design and production data flow of a complex curvilinear geometric Glass Reinforced Concrete façade[J]. Automation in Construction, 2014, 38: 46-58.

[47] Clevenger, C. , R. Khan. 2014 CEC: Impact of BIM-Enabled Design-to-Fabrication on Building Delivery[J]. Practice Periodical on Structural Design and Construction, 2014.

[48] Gazdus, H. , T. Futó. Kopitnari International Airport – Structure of Terminal Building – Design, Fabrication, Erection, in Design, Fabrication and Economy of Metal Structures [J]. Springer. 2013: 519-524.

[49] Alwisy, A. , M. Al-Hussein, S. Al-Jibouri. BIM Approach for Automated Drafting and Design for Modular Construction Manufacturing[J]. Computing in Civil Engineering . 2012: 221-228.

[50] Wu, I. , S. -H. Hsieh, A framework for facilitating multi-dimensional information integration, management and visualization in engineering projects [J]. Automation in Construction, 2012, 23: 71-86.

[51] Cheng, Y. M. , J. Y. Chen. Application of BIM on Quantity Estimate for Reinforced Concrete[J]. Applied Mechanics and Materials, 2013, 357: 2402-2405.

[52] Wu, W. , R. R. A. Issa. BIM-Enabled Building Commissioning and Handover[J]. Computing in Civil Engineering . 2012: 237-244.

[53] Ahmed, A. , et al. Multi-dimensional building performance data management for continuous commissioning[J]. Advanced Engineering Informatics, 2010, 24(4): 466-475.

[54] Chen, C. , H. Y. Dib, G. C. Lasker. Benefits of Implementing Building Information Modeling for Healthcare Facility Commissioning[J], Computing in Civil Engineering. 2011: 578-585.

典型案例

Typical Case

新市镇开发建设项目策划理念创新与实践
——以京南新市镇项目为例

徐友全[1] 孙继德[2] 吴则友[3] 张 园[3]

（1. 山东建筑大学工程管理研究所，济南 250101；

2. 同济大学工程管理研究所，上海 200092；

3. 山东营特建设项目管理有限公司，济南 250101）

【摘 要】 随着国家新型城镇化发展规划的颁布，城镇化步入规范发展期。在新型城镇化发展框架下，通过新市镇的开发建设推动县域城镇化成为必然。本文在研究国内外新市镇建设理论的基础上，提出了新市镇策划创新理念，并结合京南新市镇项目进行了总结与思考，以期为我国下阶段新城镇建设提供案例参考。

【关键词】 新市镇；策划理念；产城融合；规划体系

Planning Concept Innovation and Practice of New Town Development and Construction Project：Jingnan New Town Project Case

Xu Youquan[1] Sun Jide[2] Wu Zeyou[3] Zhang Yuan[3]

(1. Construction Management Research Institute，Shandong Jianzhu University，Jinan 250101；

2. Construction Management Research Institute，Tongji University，Shanghai 200092；

3. Shandong International Project Management Company，Jinan 250101)

【Abstract】 With the promulgation of New Pattern Urbanization Development Program，urbanization started getting into the normal development. In the framework of new pattern urbanization，it is inevitable that promote the county into urbanization through the development and construction of new towns. In this paper，on the basis of studying home and abroad construction innovation theory of towns，we put forward planning innovation concept of new towns. Combined with the Jingnan new town project are summarized and thinking，in order to offer cases to the next stage in our country the new town construction reference.

【Key Words】 New Town；planning theory；city and industry integration；planning system

1 新市镇建设理念的演进及其基本观点

新市镇的概念来源于欧文提出的"新和谐市镇"和霍华德提出的"田园城市"理念。二战之后，"田园城市"的思想被英国政府继承并付诸实践，1946年，英国政府通过了《新市镇法》，第一次以立法的形式提出了"新市镇"的概念，用以解决战后住宅紧缺和衰退地区产业振兴以及产业导入的问题。同年，第一个新市镇——史蒂芬尼开始兴建，标志着"新市镇"理论开始付诸实践。新市镇是指经过综合规划，在大城市郊区建设的具有一定人口规模，并能为居民提供较完善的生活条件和充足的就业机会的新兴城镇，主要目的是解决和舒缓市中心过多的人口和由此而产生出来的种种社会问题。

60多年来，新市镇理论在许多国家和地区都得到了迅速的发展。在我国，香港、台湾地区新市镇理论和建设实践比较成熟，而内地的新市镇理论研究还处于不断摸索的阶段，在新市镇理论研究的过程中，我国研究学者不仅吸收了国外新市镇理论的积极成果，同时还注入了新的内容。新市镇理论作为一种中西融合的城市建设与发展新理念，更贴合当今条件下我国城市化发展和城市现代化建设的实际，在我国具有多方面的实践意义：

第一，新市镇建设理论提出的注重生态环境、建设紧凑集约型城市的措施为我国日趋严重的城市问题提供了很好的解决途径。一方面，采取在城市外围地区建设新市镇方式，吸收城市过多人口，为缓解城市人口膨胀及生态环境压力提供了有效途径。另一方面，重视生态环境容量对新市镇建设的影响，提出了"集约生态"的理念，提出在新市镇建设过程中通过合理布局、提高土地利用率、发挥土地最大价值、真正实现环境保护和可持续发展的目的。

第二，创造平等、公平的人文环境，建设以人为本的和谐社区。新市镇建设不仅要为居民提供丰富的衣食住行、休闲娱乐、法律金融等服务设施，更要为居民提供平等就业的机会，同时满足居民教育、医疗和公共福利的需求，符合我国"以人为本、建设和谐社会"的总体发展要求。

随着新市镇建设的广泛开展，新市镇理论的研究将会更加深入，为新市镇的规划开发、建设提供更加有力的理论支撑。

2 京南新市镇项目介绍

2.1 项目背景

河北省第八届委员会第五次会议提出，要抓住京津辐射外溢和渤海湾成为开放重点的双重机遇，借势京津、置身沿海，快速培育河北省经济发展新的增长极，努力完成要建设一批环京津的中小城市，选好立市产业，搞好生态环境，成为吸附力强、宜居宜业的卫星新城、经济强市的目标；深入研究和结合北京与河北的结合点，实现绿色崛起的大背景。

固安县处于京津冀辐射中心，距天安门中轴正南50km，是廊坊市与北京对接的前沿地区，随着首都第二国际机场、京固轻轨线路及机场高速连接线的建设，区位交通优势更加明显，具备北京高能资源聚集和商贸低成本优势，承接北京更复合化、多层次的产业和居住功能外溢的战略地位。为加速县域经济发展，培育新的经济增长极，廊坊市及固安县政府决定以北京广阔的市场和巨大的物质需求为依托，启动固安东部"京南新市镇"项目开发。

2.2 项目概况

京南新市镇项目，选址于固安县城东侧，永定河南岸，西隔疏港地铁、轻轨线，与固安县城毗邻，是两环战略的重点市县之一，新七环、京津冀三角区辐射的核心位置，都市高智能资源聚集和商贸低成本优势对接的最佳区位。项目总占地面积6400hm^2，实际可开发用地面积2700hm^2，预计总建筑面积约1619万 m^2。

2.3 项目构思

本项目位于固安县某镇，属于城市郊区，开发目的是打造固安经济发展新的增长极，树立城乡经济社会协调发展的新标杆，为居民提供较完善的生活条件和充足的就业机会。

城市新区和产业园区是执行城市产业职能的空

间形态，是承接城市功能外溢的载体，与本项目的开发条件和目的存在本质区别。因此，本项目总体概念确定为新市镇，而非产业园区或城市新区。

项目策划团队和开发方对国家及大北京区域经济发展动向、产业发展规划调整，项目周边环境（北京第二机场、临空经济区、京九铁路、大广高速公路、廊涿高速）等宏观发展环境进行了研究，并根据投资开发方及项目自身特点，对项目开发进行抉择与权衡，基于市场和竞争态势提出开发战略、开发产业和开发项目，提出京南新市镇的开发愿景为：传承中国民居文化精粹、宣扬未来新生活

理念、开创农业发展新模式、发展汽车主题综合体、创建现代物流新示范、打造京津冀商务航空基地、打造中国新市镇典范，规划了"一镇、两园、四区"的产业功能结构。

2.4 重点开发项目结构

京南新市镇项目统筹开发重点产业项目及配套设施，打造包含民居文化区、红酒庄园、理想家园、汽车主题园区、农产品交易中心、物流综合体、航空小镇和公共服务与市政基础设施的重点子项目（图1）。

图1 京南新市镇重点开发项目结构图

3 新市镇模式导向下的京南新市镇项目策划理念及应用

新城建设、产业园区开发和新市镇建设不同于单个项目的开发建设，都是集成了规划、建设和运营的巨大、长期和复杂的系统工程，需要有先进的规划策划为引导，合理的产业定位为支撑，科学的组织模式和实施方案为保障。但新市镇项目又不同于传统的新城建设和产业园区开发，更加注重产业发展和环境承载力的关系，注重人的城镇化，倡导现代生活理念。因此，项目实施不能照搬传统的新

城建设和产业园区开发理论，在推进规划策划、产业定位、组织模式确定和开发实施中需要先进的理念为指导。新市镇模式导向下的京南新市镇项目策划理念及应用总结如下。

3.1 坚持理念创新，通过策划引导规划与发展

规划是城市发展建设的总纲，是开发建设、管理和经营城市的重要工具和手段。目前我国各类规划众多，制定和执行权属不同部门，现行规划体制下各种规划各自为政、目标抵触、内容重叠、项目重复建设以及管理分割、指导混乱等系列问题突

出。为保障规划的协调统一，加强规划的统筹力度，促进新市镇高效有序建设，我们结合实际情况，制订方案，在前期策划阶段，创新性地将土地利用规划、总体规划、人口与环境保护规划、产业规划和项目规划策划研究内容进行有效整合，汇集了国内几大知名高校及社会咨询单位，编制完成《京南新市镇总体构思框架》、《京南新市镇项目定义报告》、《京南新市镇开发策略研究报告》等十余份策划报告。与规划编制单位进行开发建设理念的详细交底，充分发挥策划对规划的引导作用。

在规划编制过程中，将项目所在地的城镇及周边乡村统一纳入新市镇建设，范围内的所有建设项目将纳入城市规划体系范畴考虑，结合项目与北京、廊坊的联系及呼应，在实施之初就考虑"项目规划体系的规划"，理顺项目需要哪些规划，在什么时候应该做哪些规划（表1）。

京南新市镇规划体系　　　　表1

时间	规划名称	具体内容
第一阶段	总体规划	包括土地利用、道路交通、竖向、景观等
第二阶段	专项规划（在控规之前或同步实施）	管线综合规划
		景观绿地专项设计研究
		地下空间规划
		安置区选址与规划研究
第三阶段	控制性详细规划	对具体地块的土地利用和建设提出控制指标
第四阶段	城市设计	核心区域、重要街道及节点城市设计
第五阶段	修建性详细规划	各社会投资项目的修建性详细规划

3.2　注重产业培育，打造城市与产业和谐共生

产业是新城发展的动力之本，产城一体化从本质上讲所反映的是一种城市协调、可持续发展的理念。"一体化"是把产业和城市看作一个良性互动的有机整体，从而实现"产"和"城"协同发展，使产业依附于城市，城市更好地服务于产业。

产城一体化规划，关键是要解决好产业选择、产业链延伸发展模式、产业聚集模式、产业集群化发展路径与战略，并同时形成城市土地规划、基础设施规划、城市公共服务规划、拆迁安置居住、新进人口居住、商业业态发展与商业地产开发等问题，构建起产业运营与城市建设的统一蓝图。

在京南新市镇策划之初，就提出"产城融合"的规划策划理念，以产业发展推动新城面貌变化，以新城建设构筑产业发展平台。项目围绕打造一座现代农业、现代服务业、文化创意产业协调发展，具有现代气息、人文气息、智慧型的国际化新市镇的总体开发目标，以物流、旅游、文化、品牌为项目核心竞争力，结合项目所在区域的区位、资源及产业现状，精心打造红酒庄园、民居文化区、物流综合体、航空小镇、农产品交易中心、理想家园及汽车主题园区七大产业项目，并加强各子项目之间的互相联系和协同融合，合理规划和建设公共基础设施和商业配套设施，综合利用和开发地下空间，形成新市镇的整体有机系统（图2），为新市镇的

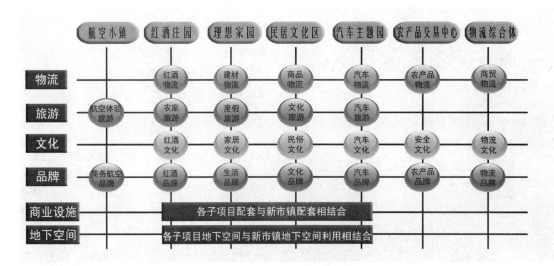

图2　子项目系统协同开发

长远发展注入新鲜血液，为地方就业提供充足的岗位，改善生活环境，促进社会和谐稳定。

3.3 政府总体把关，社会广泛参与新市镇开发

新市镇建设必须依靠政府和市场双方力量的充分合作。政府的目标是获得一座健康发展的新市镇，从而实现拓展城市发展空间、促进经济繁荣和改善民生的目的；而市场的目标是获得经济效益和实现自身发展。在国内外各地的新市镇建设中，总体上普遍都遵循"政府主导、市场参与"这一大原则，但由于各地现状情况不同，在具体操作上相去甚远。

京南新市镇项目由北京某投资企业发起，管理模式的创新和选择对项目推进意义重大。经过多方多次研究论证，项目总体上采取"政府总体把关，公私合作开发"的模式，遵循省级政府政策支持、市、县、乡三级政府与企业联动开发的思路（图3）。充分利用省级政府政策制定优势及审批优势，将项目列为河北省重点项目，在项目建设、税收等方面制定配套政策进行保障；利用市、县级政府项目建设过程中的审批职能优势，由省级政府牵头，市、县两级政府参与共同组成新市镇开发建设指挥部，协调解决建设过程中的问题和重大事项；充分利用乡政府的基层优势，和社会企业人员一同进行具体项目推进操作层面的工作。充分利用社会企业的资金、资源和管理优势，聚集金融界、投资界、工程界、管理界的行家精英共同开发建设。

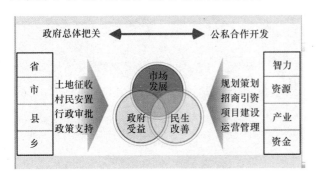

图3　京南新市镇开发建设模式示意图

3.4 杜绝盲目过快开发，坚持可持续发展

在新市镇的开发建设过程中，将面临当地居民

生活生产方式转变、资源环境承载力提高、导入产业发展节奏失控等诸多问题。京南新市镇项目总投资约600亿元，需安置当地约2万农民重新就业，项目规模巨大，社会影响深远。为避免无序开发带来的效率低下、环境破坏等负面影响，在新市镇的总体开发过程中，对项目开发时序进行专题研究，确定了科学合理的开发计划，扎实推进项目开发节奏，将整个项目建设分三期，开发计划安排放宽至10～15年。

京南新市镇的民居文化区、红酒庄园及物流综合体等几大重点产业项目，开发建设分为三个主要阶段，即起步期——成长期——成熟期，各阶段的开发建设重点如图4所示。

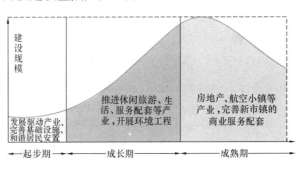

图4　各阶段的开发建设重点

起步期三年，主要工作任务是发展驱动产业，完善基础设施配套，保障居民和谐安置。新市镇的驱动力在于产业，吸引力在于完善的基础配套，持续发展的基础是村民的安居乐业。起步期往往资金有限，人气聚集不足，整体形象尚未树立，因此启动期优先推进基础设施的完善，发展条件相对完备且对于塑造形象有显著帮助的产业项目，如红酒庄园。一方面可以促进当地农民的就业，提升地区生产总值，塑造良好的形象；另一方面，有助于安置当地村民，整合村庄，促进其他项目的发展。

成长期五年，主要工作任务是推进休闲旅游、生活配套等产业，打造整体环境。京南新市镇成长期，前期具有明显驱动力的产业获得了较好发展，并发挥其辐射带动作用，基础配套设施逐渐完善，形成了一定品牌效应，对于资金和人才等的吸引力进一步提高，对于生活、服务配套及旅游休闲等的要求加大，应当重点推进相关产业项目，如民居文

化区、理想家园等。同时，加强园区管委会各配套职能的建设，在生态优先理念的指导下，打造环境工程，进一步强化新市镇形象，巩固吸引力和影响力。

成熟期五年，主要工作任务是跟进地产开发，打造核心项目，完善商服配套。进入成熟期后，前期驱动项目建设基本完成，辐射能力得以展现：产业快速发展，人口快速集聚，推动房地产市场迅速发展。同时，成熟期的产业发展更加稳健，企业管理更加科学，商业往来更加频繁，对通用航空的需求更加强烈，将推动航空小镇项目的迅速落成。

4 结束语

京南新市镇项目运用先进的规划策划理念，创新的开发模式，实现以住房开发为主的单一功能建设向培育产业、繁荣经济、增加就业、形成区域经济增长的城镇综合功能转变，走出了一条"产城融合"的县域新型城镇化发展道路。建设新市镇，推进小城镇向"城市型"转型，将是我国小城镇的发展方向，也是县域新型城镇化的空间实现载体。

参考文献：

[1] 田先钮，覃睿. 新都市主义与新市镇建设理论：理论演进及其基本涵义[J]. 天津科技，2007，1.

[2] 冯云廷. 辽宁沿海经济带新城、新市镇建设与农业人口转移研究[J]. 辽宁经济，2011，2.

[3] Riehard, L. Loyd, Terry Niehols Clark. The city as an entertain machine [J]. Research inurban Policy，2004.

[4] 何丹，蔡建明，周璟. 天津开发区与城市空间结构演进分析[J]. 地理科学进展，2008.

[5] 郁青. 发挥新市镇在上海新型城镇化中的作用[J]. 科学发展，2014，4.

地铁车站施工 7D 模型研究及应用

林兴贵　饶　阳　杨宜衡　周　迎

（华中科技大学土木工程与力学学院工程管理研究所，武汉 430074）

【摘　要】　本文针对地铁车站施工过程中多目标控制的问题，提出通过构建 7D 模型，开展地铁施工集成控制的解决方法。首先，构建地铁车站三维 BIM 模型，并在此基础上，详细阐述了如何将三维 BIM 模型与进度、成本、质量、安全等工程维度的信息进行集成关联，形成 7D 模型。最后，结合一个地铁车站施工的实际案例，对包含 7D 模型的集成控制系统的具体应用内容进行了描述和分析，充分论证了基于 7D 模型的施工集成控制应用的价值和前景。

【关键词】　地铁车站；施工管理；7D 模型；建筑信息模型

Research on 7D Model Based on BIM for Metro Station Construction

Lin Xinggui　Rao Yang　Yang Yiheng　Zhou Ying

(Institute of Construction Management，School of Civil Engineering and Mechanics，
Huazhong University of Science and Technology，Wuhan 430074)

【Abstract】　In order to solve the issue of achieving multi-objectives in metro station construction，this paper proposed a 7D model based on BIM to achieve the integrated control. First，BIM models were built for the metro station construction. Consequently，an approach was presented to illustrate how to integrate the 3D model with schedule，cost，quality and safety information to establish the 7D models. In the end，the integrated 7D control system has been validated and verified through a real metro construction case study. The result reveals that the proposed 7D model is a useful approach to achieve integrated control of multi-objects in metro station construction.

【Key Words】　metro station；construction management；7D model；BIM (Building Information Modeling)

1 引言

由于不断增长的城市交通压力，中国各大城市都将建设便捷的公共交通系统作为优先选择，尤其是建设城市地铁网络。据中国住房和城乡建设部最新报告显示，到 2015 年将有超过 30 个城市的 2495km 地铁线路投入运营或正在施工，总投资超过 11560 亿元人民币[1, 2]。然而，由于不可准确预知的水文地质条件、复杂的施工机具与施工方案、大量的人机交互作业以及工期紧、缺乏足够多经验丰富的管理人员、施工人员，使得城市地铁建设过程中事故频发[1, 3]。2008 年 11 月 15 日杭州地铁湘湖站基坑施工中因现场负责人违规赶进度、冒险作业，基坑严重超挖，支撑体系存在严重缺陷，并且基坑监测失效，未采取有效补救措施，导致湘湖站北 2 基坑发生坍塌，造成 21 人死亡，直接经济损失 4962 余万元的重大事故[4]，导致工期严重滞后，建设成本大幅提升，工程质量与施工安全受到社会广泛质疑。

因此，在地铁施工过程中实现进度、成本、质量和安全信息的准确、高效传输与落实，保证各类控制指标得到实时监测，以及建设各参与方间的信息共享与管理一体化是预防地铁施工事故频发的可行方法。但是在现有的施工组织方案下，只有 20% 的信息能够从最高管理层到达一线作业人员手中[5]，即信息在传递中存在严重流失现象。综上所述，为了实现地铁施工的按期交付、低成本、高质量、低事故率等多个目标，迫切需要建立一套完善、系统的地铁施工数据管理模式。

目前，众多研究表明，BIM 作为一种应用于工程全寿命周期信息化集成管理技术，已逐步受到建筑行业各参与方的认可，并发挥着越来越大的积极作用[6~10]。BIM 已成为提升项目全生命周期使用效益和价值的成熟理论和技术体系[11]。此外，J. P. Zhang 等人[12]基于 BIM 和 4D 技术，通过施工仿真来分析建筑结构随时间变化情况及碰撞检测，并进行动态安全分析，以制定整体施工方案，实现了施工进度管理与安全分析的一体化建设。Nenad Čuš Babič 等人[13]将 BIM 作为企业资源规划系统与对应建设对象信息库之间的集成者，整合建设资源，以便将大规模生产预制与施工现场需求无缝链接，提升项目进度管理、物流管理水平。Sijie Zhang 等人[14]基于 BIM 实体模型，对建筑结构进行自动化结构安全性检查，并根据监测结果，针对具体安全隐患提出相应预防措施，以降低事故发生风险。Chan-Sik Park 等人[15]发现目前建设项目缺陷管理是非主动的事后管理，容易造成项目进度滞后及成本超支，由此提出基于 BIM 和 AR 技术，通过制定缺陷数据收集模板，匹配项目中的具体缺陷信息，而后应用集成 BIM 和 AR 技术的缺陷检测系统来支持现场缺陷管理，从而主动降低施工过程中缺陷发生，极大改善了目前缺陷管理的不足。由此可以得出现有研究对于 BIM 在建设行业的具体应用和优势拓展已经取得较大成果，但是在如何实现 BIM 与施工进度、成本、质量和安全控制的无缝融合，尤其是在地铁施工领域，构建基于 BIM 的施工集成管理方面的研究还较为少见[16, 17]。

本文以武汉地铁 2 号线杨家湾站工程为依托，基于 BIM 理论与相关技术体系，提出集成 BIM 三维模型和地铁车站施工过程中进度、成本、质量与安全四大维度信息的 7D 模型，将每个维度的信息关联集成到 BIM 模型中，构建 BIM 环境下的进度、成本、质量与安全的协同管理系统，实现地铁车站施工的多目标控制工作的有力开展。

2 工程概况

2.1 工程简介

武汉地铁 2 号线杨家湾站（第 24 标段）位于虎泉街与雄楚大街交叉口，为地下两层站台岛式车站，整个车站建筑物由车站主体、出入口、通道及风亭四部分组成。车站总建筑面积为 11932.1m²，其中主体建筑面积为 9096m²。本车站的主要工程有：主体围护桩、压顶冠梁、土方开挖、钢支撑、接地网、垫层、底板、侧墙、中板、顶板及防水工程等。

2.2 工程目标控制

由于工程直接关系到武汉地铁 2 号线的开通运

营，结合工程实际情况，本工程的进度、质量、安全目标主要内容如下：

（1）进度目标：车站计划开、竣工日期为2008年8月20日至2010年4月20日，总工期20个月；项目要统筹规划，合理安排，优化方案确保工期。

（2）成本目标：本工程以武汉地铁2号线第24标段进行招标，由中铁十一局进行施工，需要严格把控各成本控制指标。

（3）质量目标：本工程的分部分项工程合格率需达到100%，单位工程合格率需达到100%；确保工程达到武汉市地铁样板工地目标。

（4）安全目标：安全生产目标：合格；在施工中必须实现"六无"目标：①无因公死亡事故，年重伤率不大于万分之二；②无拆迁工程事故和设备安装工程重伤以上（含重伤）事故；③无触电、物体打击、高空坠落等事故；④无重大机电设备事故、重大交通事故及火灾事故；⑤无因施工造成地表沉陷及由此导致交通中断、通信中断、用电中断、各种水管破裂漏水、煤气泄漏爆炸、建筑物损坏等重大公共安全事故；⑥无集体中毒事故。

3 7D模型构建方法

本文构建了基于BIM的7D模型作为实现地铁车站施工全过程的进度、成本、质量与安全控制目标的数据基础。BIM集成了图元的丰富语义信息，将图元作为"智能对象"[16]，实现工程全生命周期内所有构件几何、材料、功能等属性的全面展现，使得交付实体建筑与数字建筑一体化。

在建筑全生命周期内，可以将BIM模型看作是一个不断扩充和完善的数据，即构建3D BIM模型的扩展接口，使其与其他施工维度进行有机的联系与结合，实现 n D模型构建与管理。现有研究对于在BIM环境下，对于进度、成本、安全等维度的集成应用研究较少。因此，本章节将进度、成本、质量与安全维度与3D BIM进行关联，即从3D"智能对象"模型到7D"智能对象"模型，构建出能够实现进度、成本、质量与安全目标协同控制的7D模型，如图1所示。

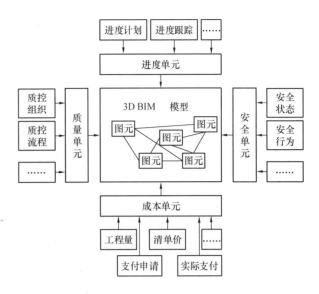

图1 7D模型集成结构

3D BIM模型构建是7D BIM模型的基础，主要应包括如下特征：

（1）完备性：BIM模型包含其3D几何数据，拓扑关系描述等。

（2）关联性：在BIM模型的信息描述中，含有代表实体自身基本信息的描述信息，可以使得实体之间能相互确认并关联。另外，某一实体的信息变换也可以更新其他关联实体信息。

（3）一致性：每个阶段隐含的工程信息是无差别的，不需要在各专业之间进行重复性的信息生成。建设项目所有数据的存储都基于单一的BIM数据库，保证了项目不同阶段参与方所获取的信息是一致的。

图元是组成实体3D BIM模型的基础，是由特定的图形单元和特征组合而成的基本单位。模型图元用于表示特定物理对象的各种图形元素，代表各种实体，是构成模型的物质基础。模型图元分为建筑图元和临时图元。建筑图元是构成BIM模型主要实体的图元，可承纳其模型图元或独立存在。临时图元是除建筑图元外，模型中其余的一些实体，临时图元一般随工程的进展而变化，不作为竣工交付的一部分，如：人、机械、脚手架、临时支撑和临时设施等。注释符号图元用于创建项目非实物环境和用于设计进行标注说明的文字和符号，包括注释图元和基准图元。注释图元是指用于说明建筑图元等二维构件，如尺寸标注、文字注释等。基准图元是指用于定位模型图元的一些非实体实物环境，如轴网、参考平面、标高等。3D BIM 模型图元结构如图 2 所示。

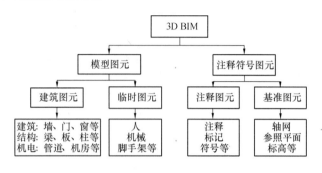

图 2　3D BIM 模型图元结构

进度、成本、质量、安全维度需要在遵循工程项目施工管理规则的情况下进行调整，以适应 BIM 模型接口，实现与其关联集成管理的目的：

（1）从施工项目整体来看，要做好施工项目的进度管理工作，首先必须要根据进度目标来确定施工进度单元，由粗到细，由上到下地将工程项目施工进度根据规划好的施工组织设计逐步分解为施工进度单元。根据施工进度单元中包含的如墙、脚手架等信息，可以将其与 3D BIM 模型中相应图元进行关联，形成进度维度信息。

（2）算量与计价是成本管理中两个重要的方面，工程量的计算所耗费的时间可能达到整个建筑成本计算时间的 70% 左右。因此，我们以国家标准的算量、定额、清单等规范为基础，并引入 3D BIM 中的模型图元，将工程成本项进行逐层分解为成本单元。例如，将钢筋量和混凝土量分解到墙、柱等具体的建筑图元上，形成成本维度信息。

（3）对于质量控制，单从质量控制本体——"产品"本身的控制是不足以保证整个质量控制的顺利进行。因此，本文基于 POP（Product-Organization-Process）质量控制模型，合理划分其中的质量单元（即 POP 中的 Product）细粒度，以保证其与建筑图元的对应与关联，形成质量维度的信息。

（4）根据事故致因理论，地铁施工中安全事故与通常的职业伤害事故类似，都是由于人的不安全行为、机（物）和环境的不安全状态以及人—机（物）—环境的不协调所致[18]。在事故致因理论的基础上，将主要针对物/环境的不安全状态以及人—物—环境不协调这两方面作为 BIM 应用的切入点以促进安全管理。本研究将结构安全，施工空间冲突以及机械设备、材料管控作为安全管理重点，划分合理的安全单元，再连同其安全属性关联到相应的模型图元中去，如将设备的保修期、保修人等安全属性关联到机械临时图元上，形成 BIM 安全维度信息。

4　7D 模型在地铁车站中的应用

本研究以武汉地铁杨家湾车站施工为例，开发了基于 7D BIM 的地铁车站项目管理系统，将 7D BIM 模型全面应用到工程施工管理过程中去，得到了良好的经济和社会效益。

4.1　BIM 进度管理

地铁车站 BIM 进度信息包含了进度计划中的最早开始时间、最早完成时间、最晚开始时间和最晚结束时间等进度信息，与模型图元结合，形成施工方案模拟，供施工单位进行方案优选工作。

在施工的不断推进中，组织现场工程师通过项目部电脑或施工现场手持终端设备跟踪记录各个 BIM 进度单元的实际开始时间和实际完成时间，并用文字、拍照等多种手段记录进度现状、提前或延误的原因及下一步纠偏措施。同时，结合在施工现场定期召开的 4D 进度计划例会，向本阶段进场施工的施工管理人员通报进度计划、完成及应采取的纠偏措施。

系统结合进度信息表格、横道图、3D 模型根据时间轴不断生长等多种表现方法建立进度跟踪视图，通过视图颜色的对比，施工管理人员可以清晰地看到整个施工项目的"成长"过程，更加全面、直观、形象的展现杨家湾站的计划进度和实际进度信息，为现场施工进度管理提供有力的支持，如图 3 所示。

图 3　BIM 进度管理应用

模型中的图元表现有如下状态：

（1）显示绿色。代表在当前状态，实际进度完成情况良好，在计划控制内。

（2）显示黄色。代表在当前状态，实际进度已滞后于计划进度，但该实体尚未完全施工完成（有最终按计划完成的可能）。

（3）显示红色。代表在当前状态，实际进度已滞后于计划进度，且该实体已经施工完成（已无按计划完成的可能）。

4.2　BIM 成本管理

地铁车站 BIM 成本信息包含按成本计划设置的，模型图元对应的清单计划工程量、计划单价等，系统会自动快速地进行项目的成本分类汇总、统计等工作，实现成本算量与计价的快速化与智能化，导出的无差错工程量清单为招投标及后期成本控制提供了很好的基础。同时系统将 BIM 计划成本信息与 BIM 进度信息综合，形成计划成本分析清单，让业主能合理规划该地铁工程施工期间的资金流。

随着实际工程项目的不断推进，实际消耗量与之前输入的定额消耗量是会有一定差异的，需要及时录入实际成本数据。通过记录实际工程量及可能出现的单价变更，并结合每期的支付申请、审批及财务支付信息，系统可以据此快速进行成本项目分类、汇总、超支、逾期未付等多项成本指标进行分析控制显示，如图 4 所示。

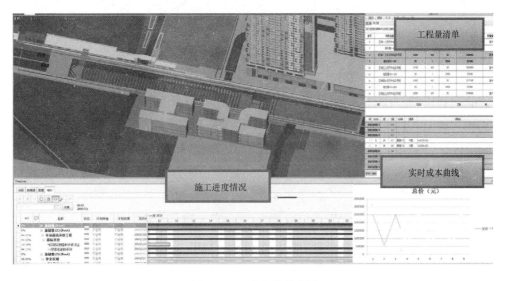

图 4　BIM 成本管理应用

4.3 BIM 质量管理

基于 BIM 的质量管理实现在施工过程中，根据施工各分部分项工程质量检验情况，实时更新数据。运用"灰色"代表未施工或还未质量检验状态，用"黄色"代表正在进行质量检验，用"红色"代表质量检验不合格，用"绿色"代表质量检验合格，用"橙色"代表质量还需再检一次，通过

视图颜色的对比，施工管理人员可以清晰地看到整个施工项目的质量检验情况，更加直观、清晰地展现施工质量控制点的宏观情况。同时，从微观上，点击 BIM 建筑图元，可以显示该建筑图元对应质量检验批的质量检查详情，使得施工质量有据可查，并为后期的竣工档案资料归档提供帮助，如图 5 所示。

图 5　BIM 质量管理应用

4.4 BIM 安全管理

在建设过程中需要监测重要结构并且各参与者在建设过程中需要知道实时监控情况，安全模型可以反映当前安全形势并提供历史数据作为参考。相

关的活动按 WBS 被链接到 3D 模型，使 3D 模型拥有时间和资源属性。以这种方式，调度和资源信息可以与模型相结合。同时，相应的安全维度信息和相应的监测项目也可以整合到 3D 模型，保证任何监控信息可以通过模型进行跟踪，如图 6 所示。

图 6　BIM 安全管理应用

4.4.1 安全区域分级

对于部分地铁车站工程需要进行深基坑开挖，基坑施工中使用的明挖方法在施工过程中存在多种不同类型的安全问题。因此，需要基于安全维度模型分析不同的安全风险组合在基坑开挖过程可能形成的危险区域。同时，基坑稳定性对坍塌事故的发生有重要影响，在施工活动开始前，有必要在重点

关注区域布置监测点。在施工过程中，根据监测点实测值确定危险等级，将确定的监测点安全等级通过红橙黄绿四种颜色在模型中反映出来。

4.4.2 空间冲突检测

利用 4D 可视化空间冲突分析系统，在 3D 环境中建立工作空间动态移动及产生冲突的基本呈现模式，建立空间冲突检测功能。根据每一工序的作

业空间需求动态地对场地设施之间、场地设施和主体结构之间可能发生的物理碰撞进行检测和分析，从而对施工现场进行合理规划和实时调整。

4.5 7D BIM 集成管理

除针对以上具体业务开展各自维度的 BIM 管理服务于专业工程师和现场管理者外，还抽取了项目领导者最为关注的施工数据，加以整合、分析，形成 BIM 多维度集成管理功能，为项目领导者提供了可以充分了解工程建设过程中进度、成本、质量及安全信息的管理界面，提高杨家湾地铁车站工程建设过程中的全方位的管控能力，如图 7 所示。

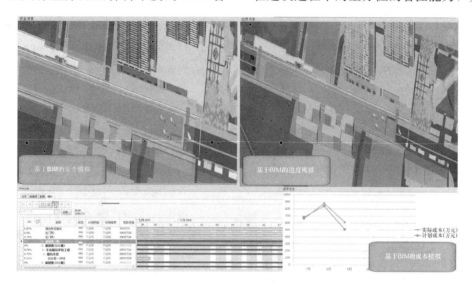

图 7　7D BIM 集成管理应用

5　结论

当前，在地铁车站施工中，局部 BIM 应用较多，但集成进度、成本、质量、安全等工程维度的 7D BIM 模型应用尚不多见。随着建筑行业信息化的迅猛发展，BIM 技术应用的普及，通过构建 BIM 环境下的进度、成本、质量与安全等维度的协同管理系统，实现工程施工的多目标控制工作的有力开展这一概念必将成为未来建筑行业发展的趋势之一。本文从满足武汉地铁杨家湾站施工管理过程中的多目标管控入手，分析并构建基于 BIM 的 7D 模型，并在实际的地铁施工中加以应用，体现了基于 BIM 技术的地铁施工 7D 模型在集成控制方面的价值和前景。下一步工作将是继续完善多目标控制内容。以质量维为例，除管理常规构件的质量检验批外，可以进一步集成规划质量、观感质量等信息。同时，可以对集成到 BIM 数据库的多维数据进行相应的存储优化及数据挖掘工作，以进一步推进 nD BIM 集成控制系统在建设工程领域的应用。

参考文献

[1] L. Y. Ding, C. Zhou. Development of web-based system for safety risk early warning in urban metro construction [J]. Automation in Construction, 2013, 34：45-55.

[2] Lieyun Ding, Limao Zhang, Xianguo Wu, Miroslaw J. Skibniewski, Yu Qunzhou. Safety management in tunnel construction：Case study of Wuhan metro construction in China [J]. Safety Science, 2014, 62：8-15.

[3] Rita L. Sousa, Herbert H. Einstein. Risk analysis during tunnel construction using Bayesian Networks：Porto Metro case study [J]. Tunnelling and Underground Space Technology, 2012, 27：86-100.

[4] 李飞云. 杭州地铁湘湖站坍塌事故八责任人被判刑 [N]. 中国新闻网. 2011.05.19. http：//www. chinanews. com/fz/2011/05-19/3052434. shtml.

[5] P. E. D. Love, Z. Irani. An exploratory study of information technology evaluation and benefits management practices of SMEs in the construction industry [J]. Informa-

tion & Management，2004，42：227-242.

［6］ Forest Petersona, Timo Hartmannb, Renate Fruchtera, Martin Fischer. Teaching construction project management with BIM support：experience and lessons learned ［J］. Automation in Construction，2011，20：115-125.

［7］ R. Sacks, L. Koskela, B. Dave, R. Owen. Interaction of lean and building information modeling in construction ［J］. Journal of Construction Engineering and Management，2010，136（9）：968-980.

［8］ R. Solnosky. Current status of BIM benefits, challenges, and the future potential for the structural discipline ［J］. Structures Congress，2013：849-859.

［9］ Yu-Cheng Lin. Construction 3D BIM-based knowledge management system：a case study ［J］. Journal of Civil Engineering and Management，2014，20（2）：186-200.

［10］ Brittany K. Giel, Raja R. A. Issa. Return on Investment Analysis of Using Building Information Modeling in Construction ［J］. Journal of Computing in Civil Engineering，2013，27：511-521.

［11］ R. Volk, J. Stengel, F. Schultmann. Building Information Modeling (BIM) for existing buildings-Literature review and future needs ［J］. Automation in Construction，2014，38：109-127.

［12］ J. P. Zhang, Z. Z. Hu. BIM- and 4D-based integrated solution of analysis and management for conflicts and structural safety problems during construction：

1. Principles and methodologies ［J］. Automation in Construction，2011，20：155-166.

［13］ Nenad Čuš Babič, Peter Podbreznik, Danijel Rebolj. Integrating resource production and construction using BIM ［J］. Automation in Construction，2010，19：539-543.

［14］ Sijie Zhang, Jochen Teizer, Jin-Kook Lee, Charles M. Eastman, Manu Venugopal. Building Information Modeling (BIM) and Safety：Automatic Safety Checking of Construction Models and Schedules ［J］. Automation in Construction，2013，29：183-195.

［15］ Chan-Sik Park, Do-Yeop Lee, Oh-Seong Kwon, Xiangyu Wang. A framework for proactive construction defect management using BIM, augmented reality and ontology-based data collection template ［J］. Automation in Construction，2013，33：61-71.

［16］ Lieyun Ding, Ying Zhou, Burcu Akinci. Building Information Modeling (BIM) application framework：The process of expanding from 3D to computable nD ［J］. Automation in Construction，http：//dx. doi. org/10. 1016/j. autcon. 2014.

［17］ L. Y. Ding, Y. Zhou, H. B. Luo, X. G. Wu. Using nD technology to develop an integrated construction management system for city rail transit construction ［J］. Automation in Construction，2012，21：64-73.

［18］ 赵挺生，卢学伟，方东平. 建筑施工伤害事故诱因调查统计分析［J］. 施工技术，2003，32(12)：54-55.

IPD 模式下基于 BIM 的电子看板管理研究及应用

郭俊礼

（中交公路规划设计院有限公司，北京 100010）

【摘　要】　随着国家经济和基础建设的迅速发展，掌握 IPD 理念，进一步优化工程项目流程，在实际项目中有效集成 BIM 技术和精益建造关键技术，已经成为建筑行业信息化建设中的一个亟待解决的重要课题。本文借鉴国内外相关研究，以 BIM 技术和精益建造关键技术电子看板作为支撑，系统分析了 BIM 技术支撑下的 IPD 组织结构框架以及基于 BIM 的 IPD 模式下多主体综合信息管理模式，并设计出 IPD 模式下的看板管理系统，实现建筑项目的准时化生产和价值最大化。本文还构建了基于 BIM 的 IPD 模式下的电子看板系统，并在贵阳某项目中得到实践应用，通过可视化的管理，实施拉动控制，实现持续改进，维持了工作计划和流程的稳定，实现了预期的计划和利润。

【关键词】　IPD；BIM；电子看板；多方主体；协同管理

Research on IPD Multi-Body Collaboration Management Based on BIM

Guo Junli

(CCCC Highwag Consultants CO. , Ltd，Beijing 100010)

【Abstract】　With the rapid development of economy and increasingly complex of building projects，learning IPD thinking，further optimizing project proceedings，and better integrating BIM technology and lean construction tools have become important issues urgently needed to be absolved. This thesis systematically analyzes IPD organizational system and multi-participation information management model based on BIM technology，and designs a BIM-based Kanban system，thus the goals of timely production and value maximization can be successfully realized. Last but not lest，integrating the information technology，this thesis establishes BIM-based electric Kanban system which is the core tool of lean construction，and applies it in a project in Guiyang city. The application of visual management and the approach of pull control lead to continual development，maintain stability of working plan and resulting in planned profits.

【Key Words】 Integrated Project Delivery；Building Information Modeling；Electronic Kanban；multi-participation；collaboration management

1 引言

综合项目交付（Integrated Project Delivering，IPD）是一种全新的管理模式，可以为项目管理带来前期多方参与合作的理念，深化协同共赢的思想，在一定程度上解决了信息不对称的问题。然而，实例表明，在 IPD 模式下，技术集成度不够，信息传递与交流效率仍然低下，纠纷与争议事件仍然不少的现象仍然存在。建筑信息模型（Building Information Technology，BIM）这一日益成熟的技术和精益建造思想对 IPD 模式的运用有着促进作用。因此，如何掌握 IPD 理念，进一步优化项目流程，在实际项目中有效集成 BIM 技术和精益建造关键技术，已经成为建筑行业信息化建设中的一个亟待解决的重要课题。

本文研究如何将 BIM 的信息化优势与 IPD 模式下的高效协同优势相结合，将两种技术的特点最大化地集成到电子看板这一精益建造管理的工具中，提出基本的应用模型。在此基础上，将电子看板系统应用于清水河大桥施工项目，研究其在桥梁施工项目中的应用及带来的效益。

目前，国内外已有不少学者对 IPD 模式、BIM 技术和电子看板管理等问题从不同的角度进行了研究，形成了基本的理论基础。

2006 年，Construction Users Round table（CURT）、American Institute of Architects（AIA）、Associated General Contractors of America（AGC）三所机构就综合项目交付原则的成果整理报告进行了讨论[1]，这份报告将 IPD 的原则与项目实践直接联系起来，使人们对 IPD 原则的理解更加深刻。2007 年，美国建筑师协会（American Institute of Architects，AIA）在其发布的《综合项目交付指南》（Integrated Project Delivery：A Guide)中正式提出了 IPD 的概念。IPD 是"一种项目交付的方式，它将人员、系统、业务结构和实践

集成到一个过程中，在该过程中，所有参与者将充分发挥自己的智慧和才华，以实现在设计、装配和施工等工程建设的各个阶段优化项目成果、提高对业主的产出、减少浪费和最大限度的提高效率的目的"[2]。IPD 秉承集成的思想，吸收了"精益"和"合作"的理念[3]。在传统管理模式下，各参与方很容易出现"囚徒困境"现象，各方目标不统一。而 IPD 则提供了一个解决"囚徒困境"的平台，通过信息交流和沟通使各方的利益趋于一致，从而更好地协作[4]。2011 年，Carrie Sturts Dossick 等人提出 IPD 的实现是五个因素相互关联综合作用的结果，这五个因素分别是合同、文化、组织架构、BIM 和精益建造。他们定义了 IPD 成功实施的关键因素，为继续研究 IPD 的实施提供了具体的方向和思路[5]。

在国内，张连营等针对中国国情，总结分析了中国实施 IPD 模式的影响因素，利用主成分分析法对这些因素进行分析，为中国成功实施 IPD 模式提供参考[6]。张琳等认为在国内推行 IPD 模式，其关键在于信任机制的建立，项目利益相关方只有在相互信任的基础上，才能在项目实施中降低交易成本和改善绩效[7]。而王玉洁认为 IPD 模式下设计团队激励机制时应该通过设计线性激励契约来促使联盟内成员为项目的公共利益而合作，达到各团队努力水平的帕累托最优[8]。

在电子看板的研究方面，日本丰田公司的大野耐一最早提出看板和准时化生产的相关概念。大野耐一认为看板是达到准时化生产的一种方法[9]。国外关于看板和准时化生产的相关研究较多。Glenn Ballard 基于建筑的准时化生产和拉动生产理论，对比分析建筑业和制造业的不同，并提出建筑的准时化生产能够提高建筑业的建设效率[10]。Roberto Arbulu 提出供应商看板能够减少不必要的库存，工艺时间，节约工期和实体的浪费，研究并提出供应商看板的策略[11]。2005 年，H. Ping Tserng 研究了如何

通过手持数字设备（PDA），条形码扫描，数据录入等看板信息技术有效地提高建筑供应链效率[12]。2007年，Jin Woo Jang 和 Yong-Woo Kim 利用看板与最末计划的结合，有效提高最末计划系统的生产效率和安全控制[13]。2011年，Khalfan M. M. 提出了供应链看板带来的建筑效率的提高[14]。

国内学者关于建筑业看板管理研究尚不多见。2002年，杜昀提出工程项目需要引入智能化技术的支持，从而增加项目效益[15]。2004年，马天一建立了基于建筑施工企业的数据仓库，并对工程项目的成本、资源、进度等进行数据分析[16]。2007年，姜阵剑将价值网络引入建筑施工企业供应链管理和建立供应链协同评价体系的研究[17]。2010年，段正纲提出了建筑业信息共享的解决方案和实施策略[18]。2011年，黄永强研究了建筑企业供应商管理库存的模式及其带来的效益[19]。2011年，许俊青和陆惠民认为在国内建筑业推行供应链管理是一种趋势，并结合 BIM 和供应链管理研究 BIM 对供应链提供的信息流的支持[20]。

综上所述，国外对 IPD 的研究已经达到一定阶段，主要的研究集中在 IPD 概念、实施原则上，并未能细化到工程的具体方面、IPD 在我国实际中运用少，本身也存在着定义模糊和法律体系不完善的问题。此外，针对 IPD 与精益建造思想的理论分析，国外已有学者作了相关研究。而国内对电子看板的研究非常少，如何利用电子看板实现 IPD 模式，从而提高建筑企业供应链高效管理和准时化生产还需深入研究。

2 IPD 模式下 BIM 与电子看板的集成

2.1 IPD 模式下的精益建造实施

IPD 模式下项目各个阶段各参与方通过团队协作共同实施并交付工程，其中设计、采购、施工阶段是最容易造成浪费和减少项目价值的。图1为 IPD 模式下基于 BIM 的精益建造实施模式。

准时化生产属于精益思想里面的一种很重要的生产方式，而看板作为实现准时化生产的最重要工具，给建筑业带来的优势是巨大的。

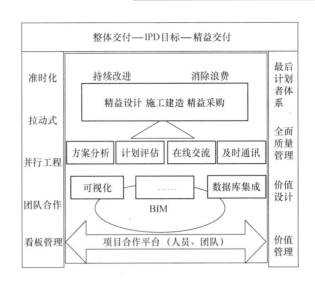

图1 IPD 模式下基于 BIM 的精益建造实施模式

2.2 精益建造关键技术－电子看板

2.2.1 看板

"精益建造"是一种以减少浪费、提高生产效率和竞争力为核心，产生最大化价值的建造管理模式。虽然精益建造管理模式在建筑业的应用时间较短，但其给建筑业带来的优势是巨大的，具有很好的发展前景。准时化生产（Just-In-Time，JIT）是实现精益建造的有效手段，其以"准时生产"为核心，根据后道工序的"看板"向前道工序取货，取代了前道工序向后道工序送货的传统方式。可知"看板"是实现准时化生产的工具，"看板"将"推动式"的生产过程变为"拉动式"生产过程，以看板作为取料指令、运输指令、生产指令等进行信息流和材料流的控制。

2.2.2 电子看板

"电子看板（E—Kanban）"是将看板卡上的信息用网络进行承载，利用人机交互界面（如显示终端、指示灯等）将信息表现出来的，其生成和传递都是通过电信号或电磁场信号来完成的。电子看板在本质上不改变看板的原理，但是却提高了看板的速度和准确性，推动了看板的实施。

目前，电子看板还未在建筑业得到广泛的应用。

电子看板管理可使建筑业中各工序以及材料供应之间按电子看板的信息指令，协调一致地进行连续施工，促使建筑业的各部门密切配合，有效和合理地组织施工与物流，实现整个施工过程的准时化、同步化和零库存目标，防止浪费。

2.3 基于 BIM 和电子看板技术的多方主体协同管理模型

IPD 模式是一种能够使建设项目所有参与者、系统、业务结构和实践全部集成到一个高效协同流程中的项目交付方法，而该方法必须要依赖 3 个因素才能成功实施：BIM 平台，高效协作的工作流，以价值为导向的决策方法。

（1）BIM 平台。BIM 平台能够为项目各参与方提供高效的信息交流和共享支持，提高各参与方间的信任程度。

（2）高效协作的工作流。覆盖项目设计、施工和交付全过程的高效协作的工作流，是保证 IPD 顺利实现的必要条件。

（3）以价值为导向的决策方法。在 IPD 模式下，电子看板主要有三类：项目总控看板、今日任务看板和库存电子看板。而建筑行业与其他行业相比较具有生产条件变化大的特点，需增加反馈电子看板，建筑业的电子看板类型及作用见表1。

建筑业的电子看板类型及作用　　　表 1

看板类型	作　用
项目总控看板	用于为各参与方的项目管理人员提供一个项目整体信息的共享平台，保证各参与方之间的信息协同
今日任务看板	用于为各项目参与方提供每日的工作任务指导，包括任务描述、施工工艺、任务相关图纸、资源需求等，保证任务的高效完成
库存电子看板	作为施工现场和供货商之间的沟通桥梁，用于管理施工现场库存状况并为项目供货商提供实时的供货需求
反馈电子看板	用于反馈项目各参与方的工作完成情况以及相关资源的需求情况等

以价值为导向、所有参与方共同制定决策，才能保证高效地定制项目计划、产出及解决突发问题。

高效的流程协同机制，是 IPD 模式能够成功的重要保障，随着建筑业的发展，工程项目的参与者变得全球化，因此有必要建立基于互联网的工作流，保证 IPD 内部信息高效流动和协同。

IPD 需要项目各方，尤其是承包商与分包商之间精细的协调合作，保证工程的正常进行。BIM 技术本身支持将各类施工、资源计划与三维模型对接，在 LPS 体系下各人物与每个 BIM 构件都是一一对应的，进度发生变化时，施工方案、成本、物流、材料消耗等都将相应地发生变化。在此基础上，每一个分项工作所需的材料、设备等资源都将在进度需要时运到恰到好处的地方，工人也将减少不必要的走动，提高施工效率。正是由于 BIM 技术提供了信息的及时发布，进度的实时更新，才为人材机的拉动提供了保障。

BIM 的关键在于"I（信息）"，没有信息的模型，只能称之为 BM。也正是因为 BIM 提供了丰富的建筑信息，才为 LPS 做好材料设备的库存和零浪费零故障提供了保证。Kanbim（看板 BIM）系统流程就是 IPD 体系下运用 BIM 时的系统流程。

由于 Kanbim（工作流程如图 2 所示）背后拥

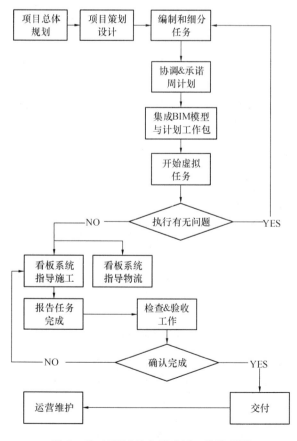

图 2　基于 BIM 的电子看板工作流程图

有强大的 BIM 动态数据库，可供项目各参与方使用，并且数据库中的信息是持续更新的，可以被转换成项目各方所需的多种格式，如文本、表格、图纸等，这为项目执行过程中各类问题的决策提供了支持。

2.4 IPD 模式下 BIM 与电子看板的集成管理

2.4.1 信息流动

从图 3 可以看出 IPD 模式下，整个看板管理系统的信息流动机理。虚线代表信息的流动，实线代表产品和设备材料的供应，和普通的 IPD 模式实施不同的是，看板的管理系统讲究的是看板信息先行。

2.4.2 看板系统的管理

从整个项目的实施过程来看，看板的元素包括现场的施工点，材料加工点以及材料设备的库存点。具体实施的流程包括：

（1）制定框架计划。项目实施前由业主、设计单位和施工监理单位制定大致的框架计划。

（2）框架计划的调整优化。各标段工程部研究框架计划的可行性，提出优化意见和建议。甚至如果项目经理提出框架计划与实际情况差别太大，可提出重新组织和制定框架计划。

（3）建立周工作包。施工单位项目管理人员在工作开始前一周完成周工作计划包，包括项目成本质量等信息。

（4）现场施工班组根据工作包和具体工作计划，通过电子看板向库存管理部门申请所需材料，拉动材料的加工和供应。

（5）根据材料设备需求出货，送达现场工点。有材料加工需求时（例如钢筋加工），在现场进行材料加工，加工成相应构件。

（6）当天的工作完成，各班组将工程完成情况和存在问题告知现场项目管理人员，后者填写反馈看板，看板系统将反馈看板信息自动与整个看板管理系统中的相应信息同步。项目经理将信息反馈给业主和设计单位。

电子看板的整体工作流程如图 4 所示。

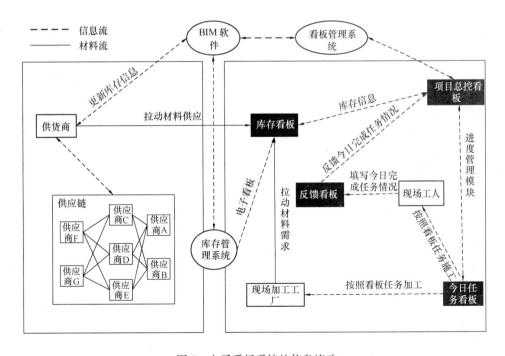

图 3　电子看板系统的信息流动

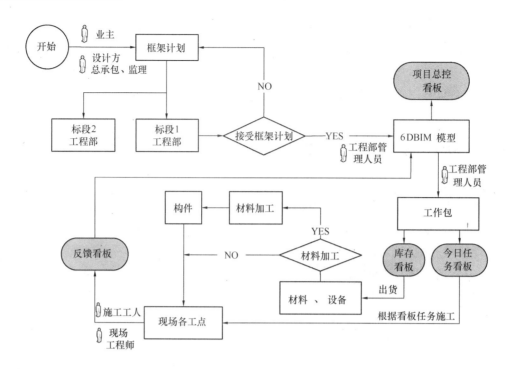

图 4　看板管理系统工作流程

3　IPD 模式下基于 BIM 的电子看板系统设计

3.1　看板类型设计

看板管理是精益制造准时化拉动材料流和价值流的一种有效机制。看板在具体的项目管理中，表现形式并不一定是板，可以是某种信号或者其他能反映库存和资源需求的控制工具。根据精益建造的思想，看板的目的就是为了消除浪费，提高效率。

IPD 模式下基于 BIM 的电子看板系统可以将看板分为项目总控看板、今日任务看板、库存看板以及反馈看板。下面将分别介绍这四类看板各自的看板内容及功能。

3.1.1　项目总控看板

项目总控看板旨在 IPD 模式下，为各参与方的项目管理人员提供一个项目信息共享的平台，保证项目参与方进行及时准确的信息协同。利用 BIM 技术，对项目信息进行直观地显示，并保证项目信息的实时更新与维护（如图 5 所示）。相当于以看板的形式进行项目总控，以三维模型的形式提供项目实时的进度成本和质量信息。

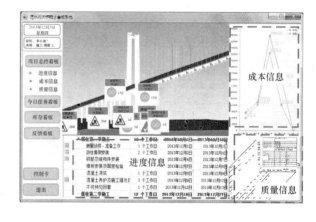

图 5　项目总控看板

3.1.2　今日任务看板

从项目管理看板到今日任务看板，可以看作是项目管理看板和精益建造思想的具体化。从项目管理的角度来讲，今日任务看板是项目进度管理的细化，在 IPD 模式下，今日任务看板显示了所有项目参与方的今日任务，包括施工单位不同的工种，设计单位，监理单位以及供货商等。在这种模式下，每个参与方都可以看到其他参与方的进度和任务安排，达到信息协同和共享的目的。从精益建造的角度来讲，各施工参与方通过今日任务看板，拉动上游的材料供应及加工，减少材料堆积和浪费，提高施工效率。这些任务同时在 BIM 模型中以标签的形式显示，点击任务标签，同样可以显示这些任务信息，如图 6 所示。

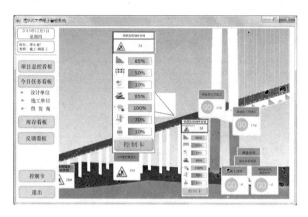

图 6 今日任务看板

3.1.3 库存看板

库存看板主要用于现场的材料设备库存和供应商之间的交流。材料员根据进度安排，将下一天的工作任务中材料和设备需求填写上传到看板系统，看板系统自动将材料设备的库存状况和需求状况进行对比，将缺少的材料设备列出，供应商根据库存看板信息，合理加大或者减小材料设备运输的频率。如图 7 所示。

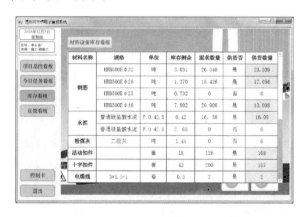

图 7 库存电子看板

3.1.4 反馈看板

反馈看板是在建筑施工过程中加入的信息回馈机制。其目的是及时追踪施工现场的进度信息，所以反馈看板针对的是现场施工过程。钢筋工、混凝土工、模板工、设备安装工人等现场工人在完成一天的工作任务后，将每天工作完成情况，现场的材料、安全、质量等信息填写在反馈看板中，项目管

理人员通过反馈看板了解工程的实时进展。现场的施工管理人员每天工作结束后填写工程的反馈看板。如图 8 所示。

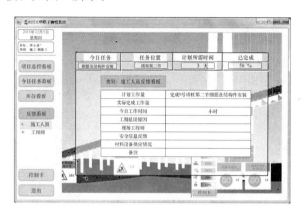

图 8 反馈电子看板

3.2 基于电子看板的 IPD 模式下多方主体协同管理模型

电子看板管理的实施需要决策层、业务层和技术的支持，即形成电子看板管理的框架（如图 9），由项目规划人员确认管理框架后，利用计算机建立电子看板管理系统。电子看板管理系统包括：决策分析平台、电子看板管理平台、项目管理平台以及技术支撑平台。现场操作人员根据实际进度更改电子看板记录的数量，工作量大大减少，可快速实现

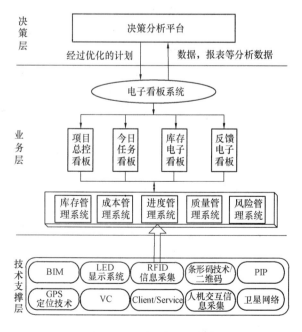

图 9 电子看板管理的框架

现场对施工过程的控制，实现 JIT 思想。

从信息流的角度来看，整个电子看板系统以 3DBIM 模型为基础，附加进度、质量、成本等施工信息后扩充为 6D 模型，然后在后台将模型内所有建筑信息整理、分类、加工并输出，同时根据反馈看板和现场施工监测信息，提供各看板中数据的实时更新。图 10 为电子看板系统的信息系统建立模型。

图 10　看板系统信息库的建立

3.3　基于 BIM 的电子看板系统的设计与实现

IPD 模式下基于 BIM 的看板管理系统的实现，主要有以下几个步骤：

3.3.1　建立三维 BIM 模型

根据项目 BIM 应用目标及项目特点，建立三维模型。建模的专业划分、主要建模内容、说明、模型的详细程度以及每种专业模型的建模工具如表 2 所示。包括完整的工程信息描述、工艺时间参数、空间及设计参数等。

大桥 BIM 建模说明表　　表 2

专业	主要内容	说明	详细程度	建模工具
建筑	轴网、标高定位；大桥主体；场地模型；周边建筑示意等	建筑主体结构的位置、尺寸、材料信息；周边环境及通道周边标识	L2	Auto-desk Revit
结构	桩基、承台；围护结构；钢支撑等	可看到围护结构如类型、位置、尺寸	L2	
管线	水电管道模型尺寸、位置；监测点	显示管线的类型、外形、尺寸、位置	L2	
机械	塔吊、运土车、挖掘机、运料车等	机械类型以及尺寸		3Ds Max

BIM 信息具有多元性的特点，需要对所有的构件根据其作用设定其建模的详细程度，否则会造成信息不足或信息冗余。详细程度说明如表 3 所示。

详细程度说明表　　表 3

详细程度	说　　明	备注
L1	模型中包括构件的基本形状，这些形状能表示对象的基本尺寸、形状和方位，可能是二维也可能是三维	粗
L2	模型中将包括带有对象属性的实体，这些实体能表达构件的尺寸、形状、方位和对象数据	中
L3	模型中包括带有实际尺寸、形状和方位等丰富数据的实体集	细
L4	包含最终尺寸、形状和方位，用于施工图和预制的详细配件	施工图级

构件属性包括几何尺寸参数、土体属性参数、材料参数、性能参数及力学参数等，准确的建模和构件参数设定将为后期的结构安全设计、建立管线模型，根据设计图纸在结构特定部位布设水、电等专业管线提供方便。

3.3.2　建立 4D 模型

将上述软件中建立的三维模型与 WBS 分解的项目进度计划 Project 文件通过一定的规则链接起来，并根据进度计划对整个施工方案进行模拟，如图 11 所示。通过直观地观察建筑物随施工进度的增长过程，了解不同时间点、不同时间段项目的进展情况和资源的需求情况，在项目实际动工前发现设计缺陷，检查施工进度计划，为后续的空间冲突和安全管理做准备。在施工过程中，还可以将实际

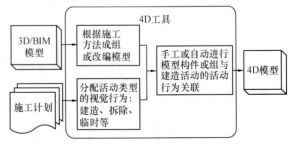

图 11　4DBIM 模型建立过程

的施工进度输入到看板系统中，看板系统将自动对实时进度与计划进度进行对比，让项目管理人员在 BIM 模型中直观的了解项目进度。

3.3.3 扩充 6D 模型

在上述 4D 模型的基础上，利用 BIM 技术自动计算工程量的功能，为造价工程师提供准确的工程量和工程参数，并以此进行准确的工程概算和估算，再采用限额设计、价值工程等方法进行方案优化，即可形成 5D（3D＋时间＋成本）模型。5D 模型的信息输出在项目总控看板中的成本信息模块显示。

在工程质量方面，BIM 模型存储了各构件的几何、材质、空间等信息，因此从物料采购部、管理层到施工人员都可快速查找所需的材料及构配件信息。更重要的是，BIM 模型为现场质量检查、施工作业提供了便利，根据实际尺寸、材质等检查，与模型信息自动对比，可以自动生成质量检查结果监控施工质量。这便是利用 BIM 技术和看板系统进行建筑产品的 6D 质量管理。

此外，通过 BIM 的软件平台动态模拟施工技术流程，由各方专业工程师合作建立标准化工艺流程，通过讨论及精确计算确立，保证专项施工技术在实施过程中细节上的可靠性。以上的质量检测信息在项目总控看板的质量信息模块中显示，同时在今日任务看板的施工图和 BIM 模型查看中也可以显示。

3.3.4 BIM 模型与看板管理系统的集成

完成上述 6D 模型后，看板管理系统将模型进行集成，对模型中的建筑信息进行整合、提取。例如将项目整体的进度、质量、成本信息在项目总控看板中显示；根据施工进度、材料、设备、劳务等资源计划及实时反馈的情况，自动生成各参与方的今日任务看板信息，并在今日任务看板中以 BIM 模型的形式予以显示；将工地材料库存和材料设备需求，生成库存看板，方便材料设备供应商按照精益建造的要求进行材料设备供应；每日工作结束后，各参与方将今日完成任务从反馈看板输入到看板管理系统，除了可以让项目管理人员看到施工情况，同时保证了 BIM 模型和看板系统是一个实时

更新的过程，为项目决策提供更有力的支持。

4 案例分析

4.1 项目简介

4.1.1 项目背景

贵阳至瓮安高速公路是贵州省"6 横 7 纵 8 联"公路网组成部分，高速公路路线全长 70.722km。贵瓮高速公路起点位于贵阳市乌当区水田镇李资村，终点位于瓮安县银盏镇钱家院，与道真至瓮安高速公路相交，与江口至瓮安高速公路相连。主要途经贵阳市乌当区羊昌、百宜、开阳县龙岗、毛云，瓮安县建中、玉华、雍阳、银盏等乡镇。其中清水河大桥位于贵州省东部，是沟通贵阳至瓮安的主要交通要道。

清水河大桥设计采用 9×40（开阳岸引桥）＋1130（单跨钢桁架梁悬索桥）＋16×42（瓮安岸引桥）构造。主桥为主跨 1130m 的单跨简支钢桁架加劲梁悬索桥，主缆计算跨径 258m＋1130m＋345m。引桥采用分幅设置，开阳岸引桥为 9×40m 的 T 梁，瓮安岸引桥为 16×42m 的 T 梁。如图 12 和图 13 所示。

4.1.2 项目问题分析

本工程是在地形、地质较为复杂的山区上修建的一座特大型悬索桥，它不仅具有一般特大型悬索桥高精度性、施工难度大、安全要求高等特征，而且还有自身独有的特点。

1. 管理层级多，信息易隔离

如图 14 所示，清水河大桥的参与方众多，管理环节也较为复杂。

2. 材料的利用效率低

传统的工程施工中习惯于在现场存放充足材料以保证工程的顺利进行，清水河大桥也是如此。但是这样就存在材料的提前、长时间存放造成资金的大量提前占用，并且材料过多时只能露天存放、粗放管理，使得很多材料失效而不能使用。而清水河大桥的复杂性决定了业主对其要求不停地在变化，施工方采用的是集中采购的形式，根据经验以及施工方的月度报告和月度材料需求表决定下个月实际

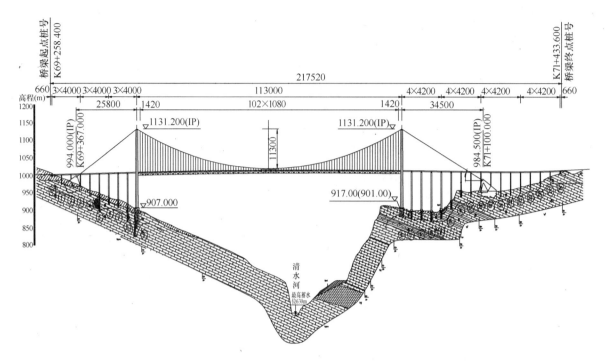

图 12 清水河大桥桥型布置图（单位：cm）

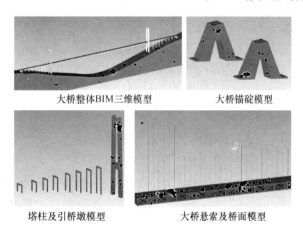

大桥整体BIM三维模型　　　大桥锚碇模型

塔柱及引桥墩模型　　　大桥悬索及桥面模型

图 13 清水河大桥 BIM 模型

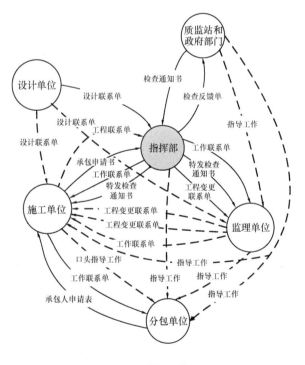

图 14 各方信息交流复杂

采购的材料数。集中进行材料采购比较适合小项目，但是对于大型的复杂工程，项目的多变性使得环境和施工进度、施工计划每天都在变，所以集中采购方式会造成严重的材料堆积与浪费，甚至有时候会造成材料短缺。

3. 工期延误

表 4 是施工单位施工日志和工作报告中总结出的工期延误原因的统计表，由于不确定因素较多，使得清水河大桥项目更为复杂。从表中可以看出，天气原因是大型工程施工中最为棘手的一个问题。但是从项目人员的访谈结果可以发现，工期延误的

原因并不像施工日志中记录的那样（如表 5 所示），很大一部分原因是业主习惯于将施工单位上报的月度计划以及最终完成情况作为评价指标，而施工单位为了获得更多的工程索赔，将很多真正的原因是隐藏了的。

由月度计划统计的工期延误原因　表4

原　因	所占比例
天气	36.0%
设备	9.2%
交叉施工	6.1%
地质	9.1%
材料	5.1%
工序工艺	13.2%
便道及场地	6.7%
人员	10.6%
其他	4.0%

对项目人员访谈统计的工期延误的原因　表5

原　因	所占比例
劳务	14%
天气原因	14%
机械设备	16%
施工组织	24%
资金	32%

这个现象的原因我们暂且可以归咎于现行的建设管理体制，但是如果想改进工程管理模式，避免或减少工程延期的时候，只能依赖现场施工人员，这显然很难有后续的改进。

综上所述，清水河大桥在建设过程中遇到的这些问题，是传统的大型复杂工程项目管理中的通病。看板管理不仅仅是一种工具，它能使整个建设过程效率更高、浪费更少。下文就提出清水河大桥使用看板管理系统的几个设想和部分实施方法。

4.2　清水河大桥基于 BIM 的看板系统设计

4.2.1　组织模式

清水河大桥项目是典型的直线式管理模式，因此命令的上传和下达都要进行逐级反馈。我们需要一个更加柔性的组织结构，来展开精益的看板管理。每个承包商只负责自己的合同部分，最高指挥部只能收到极少数经过筛选后较为重要的信息，因此信息能否有效传递，是决定看板管理能否顺利实现的关键因素之一。

（1）建立看板管理小组。

（2）建立信息共享机制。

（3）建立看板管理的职能机构。

4.2.2　看板计划的制定

看板计划的制定与传统的计划安排不同，分两个阶段制定施工计划：框架计划的制定和详细计划的制定。详细计划相对框架计划更为完整和具体，落实到每一个任务项，而框架计划仅规定每天应该完成的工作量的范围，并不对工作做出详细具体的安排。

看板计划下达给最后一道工序而不是每一道工序，由最后一道工序拉动前面工序进行拉流生产。我们也可以将这种拉流生产理解为计划的倒排和跟踪，于是可以制定出计划跟踪系统。看板计划管理流程（图15）包括：

（1）制定框架计划。

（2）框架计划的细化。

（3）计划审议。

（4）详细计划的进一步完善。

（5）执行看板管理。

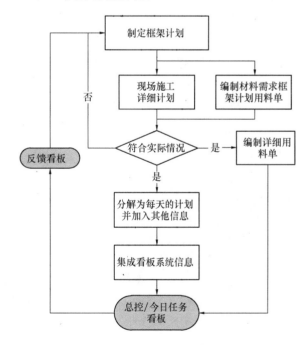

图15　看板计划流程图

（6）现场施工，现场工程师根据实际工程进度和资源信息，填写反馈看板。

（7）看板管理系统整合反馈看板和库存看板信息，并在项目总控看板和今日任务看板中予以显示，为决策层的计划修订提供数据支持。

计划的制定是整个看板实施过程中最关键的内容。在基于 BIM 的看板管理机制下，计划编制人员还可以通过进度计划模拟在计划编制阶段对框架计划和详细计划信息最大限度地优化，减少后期的进度变更，提高施工和管理效率。

（1）框架计划的制定由多个参与方共同参与完成。在框架计划中，需要对项目执行过程中的主要里程碑事件和重要资源情况作出规定。框架计划需要综合考虑工程进度和施工工艺，为现场的施工作出指导，为看板管理提供支撑。

（2）详细计划的制定和现场工程管理人员紧密联系。施工承包商的工程部可以完成细化框架计划的工作。现场管理人员通过看板管理，对整个计划进行看板的倒排，安排计划任务。通过今日任务看板将信息传递给现场的工人。

4.3 清水河大桥看板系统应用

下面以清水河大桥 2013 年 12 月 5 日施工过程中某钢筋工的看板使用过程为例，说明基于 BIM 的看板管理系统在 IPD 模式中的具体应用。

4.3.1 项目总控看板

首先，钢筋工打开看板系统，选择所属参与方为施工单位，输入自己的工号登录（图 16），进入项目总控看板（图 17）。

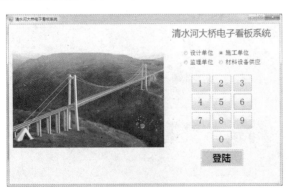

图 16　电子看板系统登录界面

具体来讲，进度管理模块主要包括项目任务的 WBS 分解以及与 BIM 模型关联的进度计划。包括任务的计划开始、结束时间，以及实际的开始和结束时间，并通过自动对比，以 BIM 模型中相应构件的颜色变化来显示工期的提前与滞后。例如，

如果实际开始和完成时间与计划工期相同，则模型按照实际的颜色显示；如果工期提前，则任务所对应构件变成黄色；如果工期有滞后，则模型变成红色，提醒项目管理人员及时分析工期滞后原因并在有必要时采取赶工措施或改变进度计划。此外，项目管理人员还可以根据关键字或者时间段查询相应的任务或进度安排。例如，采用关键字查询，进度查询字段可以包括任务名称、构件名称、构件 ID、项目编号、集合名称等。选择字段后输入查询的关键字点击查询按钮，便能定位到查询的构件或者集合，结果在进度计划、模型和选择树中同时高亮显示（蓝色）。并在特性显示框中显示所查询构件的特性。作为 BIM 技术支撑的项目管理看板，项目管理人员还可以在看板中通过进度模拟按钮对桥梁进行施工进度模拟，以精益建造的理念优化进度计划、指导施工，在任务开始前发现可能存在的问题并解决。

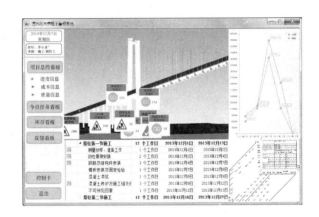

图 17　项目总控看板

4.3.2 今日任务看板

了解了项目整体的运行情况之后，钢筋工打开今日任务看板，查看自己当天的工作内容及工作流程指导。点击任务详情，右侧可以依次看到今日任务的文字描述、跟任务相关的 CAD 施工图、BIM 模型（可进行精确的模型内定位查看）、施工工艺，以及该任务项的人员组织情况等（如图 18）。

如果钢筋工想查看今日任务的前置任务完成情况，可以点击前置任务按钮，则右侧列出今日任务的前置任务名称，计划和实际的开始完成时间，前置任务的负责人等信息。如图 19 所示，钢筋及

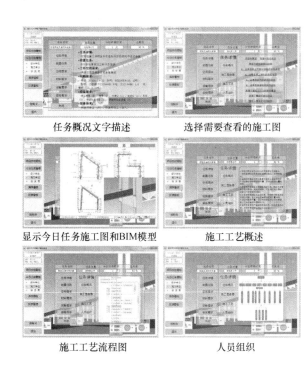

任务概况文字描述	选择需要查看的施工图
显示今日任务施工图和BIM模型	施工工艺概述
施工工艺流程图	人员组织

图18 今日任务概况

结构件安装的前置任务是体外劲性钢筋的加工和安装。从看板中可以看出，虽然劲性钢筋的安装工作与计划工期相比有所滞后，但是看板系统自动将实际工期与整体工期对比后，发现并没有影响到今日任务的进行，所以两项前置任务并没有变色；否则将变成红色，钢筋工可以点击后面的任务负责人，自动拨打内部电话与负责人沟通前置任务的完成情况。

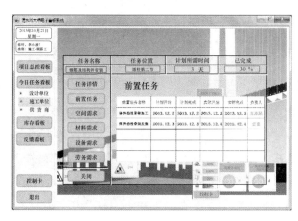

图19 今日任务的前置任务

此时，对于项目管理人员或者各工种负责人来说，需要知道今天的工作任务需要哪些材料，需要哪些设备以及劳务供应承包商需要知道总的劳务需求，也可以在今日任务看板中进行查看。

点击材料需求，看板中显示钢筋及结构件安装这项工作需要的材料，今日的主要材料应该是钢筋，但是到底每一种型号的钢材需要多少，这些都是由设计图决定的，看板系统会根据三维模型及施工图自动统计需要的钢材、混凝土等材料的型号、数量并直观的罗列，让钢筋加工和供应形成一个完整的拉流生产机制，保证材料充足供应的同时减少浪费。如图20所示，是清水河大桥9号塔柱的下塔柱、上下塔柱连接段、上塔柱以及塔顶的材料需求表，看板系统给出了钢筋、钢筋连接器和混凝土的需求量，也为供应商的材料供应看板提供了数据来源。

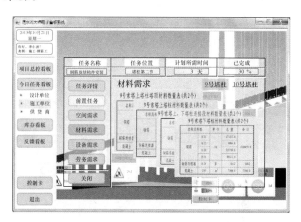

图20 9号塔柱材料需求

点击设备需求，看板显示任务项的所有设备需求，其中今日任务所需设备加粗显示，其他跟任务项有关但是今日任务并不需要的设备以灰色显示。这种显示方法，不仅可以让所有工程参与方都对项目的设备需求情况有所了解，又能重点显示特定工种特定日期的特定材料需求，既满足IPD的需求又不影响各工种的施工需求。如图21所示，施工电梯、塔吊、吊车、钢筋加工设备和钢结构加工设备是9号塔柱的今日任务所需设备，其余灰色的设备是整个塔柱施工中所需的设备，但是并不是钢筋工的今日所需，可以由项目管理人员调作他用或延迟供应。

劳务需求看板与材料设备需求的显示方式相同，将今日劳务需求加粗显示。如图22所示，蓝色加粗显示的为12月5日9号塔柱钢筋及结构件

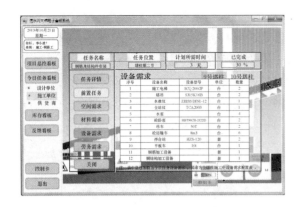

图 21　9 号塔柱今日任务设备需求

安装所需的劳动力。

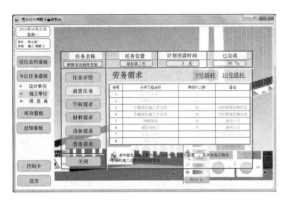

图 22　9 号塔柱今日任务劳务需求

查看完上述信息后，钢筋工对今天的任务已经有详细的了解，同时对其他工程参与方的工作任务有了大致的了解，接下来钢筋工便可以按照施工工艺和要求开始施工。

4.3.3　反馈看板

在施工过程中，该钢筋工还需要根据自己用料的情况，对今日的工作状况进行记录并填写反馈看板。如图 23 所示，在完成一天的工作任务后，其

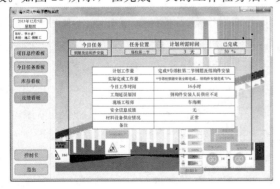

图 23　反馈看板

需要将每天完成的工作量、当前资源信息、安全质量信息、存在的问题等情况填写反馈看板，项目管理人员通过反馈看板了解工程的实时进展。此外，看板系统自动将材料消耗和需求与库存看板信息同步，并生成材料设备供应商的供货单。

实施了看板管理系统后，有效节约了现场的材料，现场材料大量堆积的情况有所减少，各资源的供求速度得到了提升，初步实现了准时化建造。

5　小结

本文对 IPD 模式下基于 BIM 的电子看板系统的设计与应用进行了研究，主要研究内容如下：

（1）提出了 IPD 模式下基于 BIM 的电子看板技术的集成原理，构建了基于 BIM 的电子看板技术多方主体协同管理模型，对 IPD 和 BIM 技术在电子看板中的集成过程和集成管理进行了探讨，包括看板内部的信息管理及看板系统实施过程的管理。

（2）对电子看板系统进行了概念设计，设计了项目总控看板、今日任务看板、库存管理看板及反馈看板四类电子看板，并对四类看板间的信息流动和整个看板系统的实现过程进行了研究，提出了电子看板系统从无到有的建立过程。

（3）以贵瓮高速公路清水河大桥工程项目为例，在分析项目的工程概况、组织机构以及技术重难点的基础上，研究该项目通过实施 IPD 模式下基于 BIM 的看板管理，有效的优化了组织结构，提高了施工效率，减少了材料浪费，克服了工程难点。

本文研究表明，通过多方的计划制定体系、看板先行的拉流生产体系和多方协同的电子看板管理体系，将项目各参与方的利益在整个项目实施过程中予以最大化的考虑，减少项目各类不必要的浪费，实现对项目的实时控制，达到互利共赢，共同完成项目的目标，这对于提高工程效率，实现价值最大化具有重要意义。

参考文献

［1］　3xPT Strategy Group integrated Project Delivery Workshop. Integrated Project Delivery: First Principles for Owners and Teams. 2007.

[2] AIA(The American Institute of Architects). Integrated Project Delivery: A Guide, version1. 2007.

[3] Furst P G. Constructing integrated project delivery[J]. Industrial Management (Norcross, Georgia), 2010, 52 (4): 19-24.

[4] Jung Wooyong, et al. Understanding of Target Value Design for Integrated Project Delivery with the Context of Game Theory[R]. Construction Research Congress 2012@ Construction Challenges in a Flat World. ASCE, 2012.

[5] Carrie S D. Team Integration through a Capstone Design Course[J]. Lean Construction Journal, 2009, 2(4): 12-19.

[6] 张连营, 杨丽, 高源. IPD 模式在中国成功实施的关键影响因素分析[J]. 项目管理技术, 2013, 6: 56-61

[7] 张琳, 侯延香. IPD 模式概述及面向信任关系的应用前景分析[J]. 土木工程与管理学报, 2012, 1: 34-39

[8] 王玉洁, 苏振民, 佘小颉. IPD 模式下项目团队激励机制设计与分析[J]. 工程管理学报, 2013, 4: 23-29

[9] Waldner J. Principles of Computer-Integrated Manufacturing[M]. London: John Wiley & Sons, 1992, 11: 128-132.

[10] Ballard G, Howell G. Toward construction JIT[J]. Lean construction, 1995, 3: 291-300.

[11] Arbulu R J, Ballard G, Harper N. Kanban in construction . in: IGLC-11. Virginia, USA: 2003.

[12] Tserng H P, Dzeng R, Lin Y, et al. Mobile Construction Supply Chain Management Using PDA and Bar Codes[J]. Computer-Aided Civil and Infrastructure Engineering, 2005, 20: 242-264.

[13] Jang J W, Kim Y W. Using the Kanban for construction production and safety control in: IGLC-15. Michigan, USA: 2007.

[14] Khalfan M M, Mcdermott P, Oyegoke A S, et al. Application of Kanban in the UK construction industry by public sector clients. 2011.

[15] 杜昀. 建筑工程项目效益控制智能化支持系统的研究[D]. 武汉: 武汉理工大学, 2002.

[16] 马天一. 建筑施工企业数据仓库与数据挖掘技术的应用与研究[D]. 北京: 清华大学, 2004.

[17] 姜阵剑. 基于价值网的建筑施工企业供应链协同研究[D]. 上海: 同济大学, 2007.

[18] 段正纲. 建筑供应链信息共享方案评价研究[D]. 西安: 西安建筑科技大学, 2010.

[19] 黄永强, 周盛世, 杨丽红. VMI 在建筑供应链中的应用研究[J]. 物流科技, 2011. 10: 84-86.

[20] 许俊青, 陆惠民. 基于 BIM 的建筑供应链信息流模型的应用研究[J]. 工程管理学报, 2011, 2: 138-142.

基于 BIM 的建筑物施工阶段碳排放
测算研究及实例分析

李 兵

（武汉新城国际博览中心有限公司，武汉 430014）

【摘　要】 建筑物碳排放量，是建筑物低碳目标实现与否的首要指标，是当前研究的重点。基于建筑物的基本约束条件和最低碳排放目标，本文对建筑物施工阶段碳排放测评方法进行了研究。首先对施工阶段的碳排放来源进行了盘查，构建低碳建筑碳排放测算模型，明确了施工阶段碳排放测算的方法和测算清单。由于 BIM 技术已成为建筑信息化的强大支撑平台，本文采用 BIM 技术建立了基于施工方案的动态碳排放测算模型，可实现实时的建筑物碳排放监控。最后，以武汉市国际博览中心展馆为案例进行了基于 BIM 的施工阶段碳排放测算分析。

【关键词】 碳排放；碳源；BIM；施工阶段

Research on the Calculating Model and Case Study of Carbon Emission in Building Construction Stage Based on BIM

Li Bing

（Wuhan New Gity International Expo Centre CO. ，Ltd. ，Wuhan430014）

【Abstract】 Carbon emission is the key indicator to evaluate the low carbon objective of building，and it has already been a hotspot in current research. This paper focuses on finding a method that meets the basic constraint conditions and the least carbon emissions to direct the low-carbon construction then to achieve the goal of low-carbon buildings. Within this topic，this paper first marshals the carbon source based on some international standards. And then builds the calculating model of carbon emission，and defines the calculating inventory of carbon emission in construction stage. Because of BIM technology has already been a strong support platform for the building informationization，this paper develops a BIM plug-ins which is inputted the carbon emission coefficient of each carbon source and calculation rule to realize the real-time monitoring of carbon emission in building construction. At last，a case study of Wuhan explain building is given in the paper.

【Key Words】 carbon emission; carbon source; Building Information Modeling; construction stage

1 引言

根据政府间气候变化专门委员会 IPCC 第四次评估报告，1906～2005 年的 100 年间，全球平均气温上升了 0.74℃，最近 50 年升温约为 0.13℃/10 年。全球气候变暖导致大范围积雪和冰融化，全球平均海平面上升，被喻为地球上的一个"难以忽视的麻烦真相"[1]，其中的二氧化碳气体因为排放量最大、对环境的影响最显著而被称为温室气体[2]。在全球性气候变化的背景下，建筑作为能源消耗和碳排放的主体引起的关注与日俱增。根据 IPCC 统计，在发达国家，建筑消耗了全社会 40%的能源资源，并导致了 36%的碳排放量[3]。据 EIA 估计，建筑占据了全球能源消耗的 30.8%。并且有预计，到 2030 年建筑业产生的温室气体将占全社会排放量的 25%[4]。

针对这个现状，如何打造全寿命期内的低碳建筑也就成为当前研究的热点，低碳建筑作为一种减少碳排量的发展策略被人们提出[5]。现阶段，通过一些能量模拟软件，如 ECOTECT、EQUEST、Energyplus 等，可以对建筑物运行阶段的碳排放进行量化。即用这些软件进行能耗模拟，然后将这些能耗转化为等量的标准煤。然而 Gerilla GP 等学者提出，需要跟踪房屋施工、维护过程中产生的碳排放[6]。综合我国的研究现状，有利用例如 Energyplus 等模拟软件计算运营阶段碳排放的例子[7]，但是没有针对施工阶段碳排放进行动态检测的计算，这样也就无法确定所采用的低碳施工技术在低碳建筑全寿命周期内是否有效。因此，建立一种施工阶段的碳排放实时动态计算模型具有强大的紧迫性和必要性，也是真正实现全寿命期低碳建筑的关键。

2 建筑物施工阶段碳排放来源

建筑物施工安装阶段碳排放分为两个部分：材料碳排放以及施工安装作业碳排放。材料碳排放是指从原材料采集到制成建筑物施工所需的材料成品的过程的碳排放。运输部分是指将建筑物材料运输到施工现场的碳排放。施工安装作业部分时间从开始建设一直到工程完工，是施工碳排放的最主要来源，并且组成要素也最为复杂。

2.1 建筑物材料碳排放

建筑物材料的碳排放从其本身而言，应该是涉及建筑物材料的整个生命周期的，以建筑物材料在原料采取、生产、使用、回收利用等整个生命循环的碳排放为研究对象。以材料使用全寿命周期考虑，目前对建筑物材料的环境影响主要考虑以下几方面[8]：

（1）材料在开采和生产过程中产生的废物；

（2）材料在加工生产过程中排放的温室气体；

（3）材料生产加工过程中产生的有毒气体；

（4）材料在生产加工过程的能源消耗；

（5）材料运输的能源消耗；

（6）材料使用过程中的能源消耗；

（7）材料拆除清理时的能源消耗；

（8）材料可再生处理。

通过上述几个方面可知，建筑物材料的碳排放是伴随着材料从开采到拆毁的全过程的。然而如果按照建筑物寿命周期进行划分，在施工安装阶段，材料碳排放则主要发生在建筑物材料的开采、加工生产、运输中，其中，对于运输而言，主要指从开采到形成建筑物材料过程中发生的运输碳排放。

首先对于材料的开采阶段，由于开采阶段需要进行一系列化学反应，目前没有形成精确的统计数据，因此此处也不予考虑。而在材料生产加工过程中所产生碳排放主要是由于消耗化石燃料碳排放、电力碳排放以及原料之间的化学反应产生的碳排放。对于消耗的化石燃料而言，由于其主要成分是碳氢化合物或其衍生物，燃烧后会产生二氧化碳，因此，由能源的使用量与其含碳量可以推算出二氧化碳排放量；其次，建筑物材料在生产的过程中都要直接或间接地消耗电能，因使用电能而引起的碳排放跟发电的能源结构有关，在具体计算部分有详细说明；对于原料之间化学反应产生的碳排放，因为建筑物材料的种类繁多，各种建筑物材料在生产阶段所发生的化学反应各不相同。最后，对于材料在成型之前，由于运输所产生的碳排放量也需要进行考虑。以上三者综合，就是在建筑物施工安装阶段原材料所带来的碳排放，具体见图1。

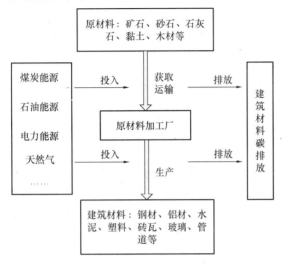

图1 建筑物材料碳排放

2.2 施工安装作业碳排放

建筑物的施工安装阶段是独立建材、中间构件在整个工程项目过程中加工、制造的延续。这个阶段是能量消耗的重要时期，在能源消耗的构成比例中，一般施工阶段的能耗占10%～15%，因此也是二氧化碳排放的重要阶段。

建筑在施工安装过程中的碳排放主要来自材料、设备以及生活工作中的能源消耗。为了便于统计，可以将整个施工作业现场划分为施工区、生活区和办公区三个部分，分别明确其碳排放的来源。具体如图2所示。

由图2我们可以得出，将施工安装阶段所有的碳排放进行汇总，最后得到主要是电能的消耗和化石能源的消耗。因此上述几个方面中凡是消耗了能源都会产生二氧化碳。其中主要包括机械设备的使用、施工现场的二次运输，以及建筑物施工垃圾与建筑物材料的运输所产生的二氧化碳。

其中，对于机械设备的碳排放，由于施工阶段的机械设备的使用跟施工方案与承建商技术水平和管理水平有直接的关系，且施工阶段使用的机械设备数量众多，型号千差万别，这些都增加计算建筑物施工阶段碳排放量的难度。本文将提供相应的不同机械台班使用定额，更加方便计算出施工机械设

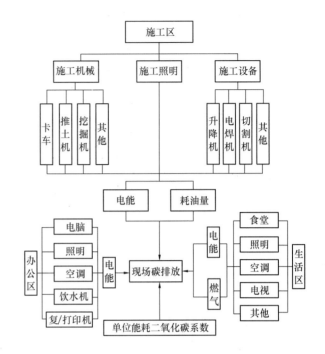

图2 建筑物施工作业碳排放

备使用过程中的碳排放。

3 建筑物施工过程碳排放测算模型

施工过程中，碳排放主要来源于建筑材料以及施工作业产生的碳排放，同时还包括生活区电力和燃气的消耗产生的碳排放等。故可得其计算式：

$$C_{erect} = E_{erect}d + \sum_{i=1}^{n} A_i k_i T(erect) \quad (1)$$
$$+ \sum_{i=1}^{n} M_i Q_i m_i + \sum_{i=1}^{n} H(erect)_i h_i$$

式中 E_{erect}：表示在安装施工阶段办公区、生活区和施工区电能的消耗量，单位是度。故实质上按照区域统计划分：

$$E_{erect} = E_{erect-W} + E_{erect-L} + E_{erect-S} \quad (2)$$

式中 $E_{erect-W}$——在安装施工阶段办公区耗电量，单位度；

$E_{erect-L}$——在安装施工阶段生活区耗电量，单位度；

$E_{erect-S}$——在安装施工阶段施工区耗电量，单位度；

$T(erect)$——第 i 种办公车辆在安装施工阶段的使用时间，单位年；

M_i——第 i 种材料单位建材内含能量，单位 MJ/kg，查表可得；

Q_i——第 i 种材料用量，单位 kg；

m_i——第 i 种材料对应能源与碳排放量转换系数，单位 kg(c)/Mg；需要注意的是材料在生产过程中消耗的能源不同，理论上不同能源对应不同的碳转化系数，为了简化计算，在材料计算过程中 m 取统一值；

$H(erect)_i$——在安装施工阶段，第 i 种化石燃料的消耗量，单位是 kg；其中，由于施工机械设备台班能源消耗因子已知，运输设备也包含其中，故可以得到：

$$H(erect)_i = \sum_{j=1}^{n} N_{ij} Y(erect)_{ij} \qquad (3)$$

式中 N_{ij}——j 机械设备第 i 种化石燃料的台班能源消耗，单位 kg/台班；

$Y(erect)_{ij}$——j 机械在施工安装阶段的使用台班量。

4 基于 BIM 的建筑物施工阶段碳排放测算方法

4.1 BIM 建模

Building Information Modeling（简称 BIM）通过数字信息仿真反应建筑物所有真实信息，包括三维几何形状信息和非几何形状信息（如建筑构件的材料、重量、价格、进度和施工等），即集成了建筑工程项目各种相关信息的工程数据，它为设计师、建筑师、水电暖通工程师、开发商乃至最终用户等各环节人员提供"模拟和分析"的数据[9]。

随着数字化、信息化和智能化技术的发展，BIM 技术为解决建筑行业存在的问题提供了新的解决思路。就碳排放测算而言，BIM 模型涵盖了建筑工程项目相关的所有工程数据，为建筑物碳排放的测算提供了充足的数据基础，其优越性主要体现在施工阶段和运营阶段的碳排放测算。对于施工

阶段而言，由于 BIM 不仅仅含有建筑工程本身的材料、机械信息，还能够通过导入进度进化使整个建筑模型与工程进度相连，因此，可以用来计算施工阶段动态的碳排放量。

4.2 基于 BIM 的施工阶段动态碳排放计算

BIM 模型拥有建筑全部的与项目有关的各种信息，充分利用模型所拥有的信息进行碳排放计算成为研究的重点工作。

结合碳排放测算对数据的需求，针对施工阶段，我们可以从建筑信息模型中抽取出建筑的四方面信息：材料信息、施工信息、设备信息和进度信息。材料信息中包含了材料选择、材料供应、材料的使用情况等；施工信息包含了工程所有的分部分项工程的机械使用情况信息；设备信息包含了施工阶段设备选择、设备使用等；进度信息则是通过其他文件导入，与 BIM 模型结合，呈现动态效果。这四方面的信息考虑了建筑物施工阶段的碳排放来源，为建筑施工阶段碳排放量的动态测算提出有效数据。其计算思路和过程如图 3 所示。

以上关于 BIM 的介绍以及基于 BIM 的建筑物施工阶段碳排放测算，可以为建筑物全寿命期碳排放测算提供一种动态的思路，除此之外，BIM 建模必将是未来建筑设计的一种发展趋势，基于

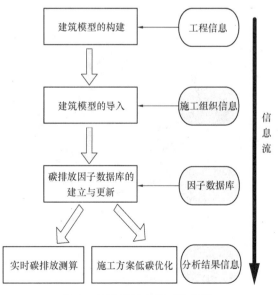

图 3 基于 BIM 的施工阶段碳排放动态测算模型

BIM 进行全寿命期的碳排放计算，也有利于施工方案以及运营方案的低碳优化，具有非常重要的意义。

5　案例分析

对于施工安装阶段，由于在上文中提到可以利用 BIM 建模以及与进度对应，建立施工期动态的碳排放测算系统，因此，此处以武汉国际博览城七区展馆为例进行建模计算。

该工程屋盖由三部分组成：主体桁架、内外网架、侧网架。其中主体桁架跨度为 72m，长 175.385m，主体桁架又由主桁架、次桁架、檩条组成。内外网架分布于主体桁架的跨度两侧，侧网架在主桁架长度方向一侧。其吊装顺序依次是主桁架、侧网架、次桁架、内网架、檩条及钢支撑、外网架。

5.1　BIM 模型构建

本文以七区展馆为例，建立该展馆施工的碳排放动态计算模型。

首先根据展馆的施工图纸，借助 BIM 中的建模软件建立工程的 BIM 基本模型，并加入施工方案中建材的参数信息，如构件的组成材料种类、这些原材料到施工场地的运输方式及运距、构件的使用年限、构件材料的报废及回收比率和报废回收的形式等，建立该工程的 BIM 基本模型。见图 4。

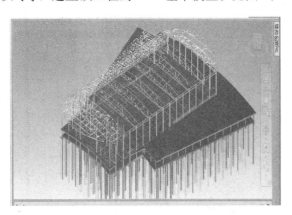

图 4　七区展馆的 BIM 基本模型

5.2　BIM 模型中链接实时进度计划

按照该工程的施工方案和现场调研，编制详细

的进度计划（如图 5 所示），通过指定每个任务操作对象分布的轴号区间来实现与模型中的构件一一对应，并指定任务类型为构件，将详细的进度计划与前一步的 BIM 基本模型进行动态链接得到该工程施工的实时动态模型。

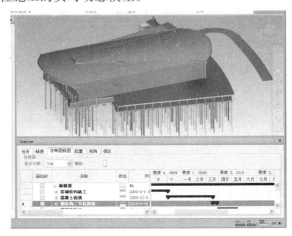

图 5　七区展馆的实时动态模型

5.3　实时材料消耗量、机械台班计算

为实现最终实现实时碳排放量的目的，需建立施工进度与材料消耗、设备能耗动态对应的规则表，得出每个施工工艺下消耗的各材料的种类和数量，以及该材料施工的具体工期。部分对应表如表 1 所示。

部分材料与进度对应表　　表 1

明细	材料类型	工程量	工期	开始时间	完成时间
桩施工		m³/t	30	2009/9/1	2009/9/30
7-5；Y-F～Y-N	C35 微膨胀混凝土	205.44	1	2009/9/1	2009/9/1
	钢筋 HPB235	3.992			
	钢筋 HRB335	12.48			
7-5；Y-C～Y-E，Y-P～Y-S	C35 微膨胀混凝土	186.18	1	2009/9/2	2009/9/2
	钢筋 HPB235	3.618			
	钢筋 HRB335	11.31			
7-5；Y-A～Y-B，Y-S/1～Y-T//Y-K；7-3～7-4，7-6～7-7	C35 微膨胀混凝土	199.02	1	2009/9/3	2009/9/3
	钢筋 HPB235	3.867			
	钢筋 HRB335	12.09			

续表

明细	材料类型	工程量	工期	开始时间	完成时间
Y-K； 7-4/01～ 7-2,7-8～ 7-11	C35 微膨胀混凝土	205.44	1	2009/9/4	2009/9/4
	钢筋 HPB235	3.993			
	钢筋 HRB335	12.48			
Y-L； 7-4/01～ 7-4,7-6～ 7-11	C35 微膨胀混凝土	288.9	1	2009/9/5	2009/9/5
	钢筋 HPB235	5.614			
	钢筋 HRB335	17.55			
Y-J； 7-4/01～7-4, 7-6～7-11	C35 微膨胀混凝土	314.58	2	2009/9/6	2009/9/7
	钢筋 HPB235	6.114			
	钢筋 HRB335	19.11			

5.4 展馆在施工阶段碳排放动态计算

通过基于 BIM 模型的碳排放测算系统的开发，在输入相关数值后，可实现施工阶段碳排放的动态测算，如图 6、图 7 所示。

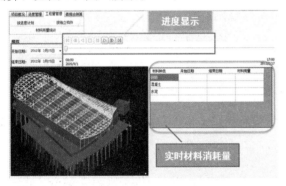

图 6 实时材料统计计算

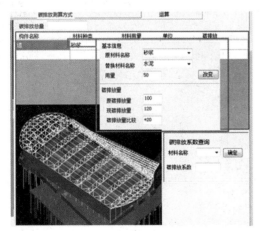

图 7 实时碳排放计算

通过设定时段间隔为一个月，系统可以自动累计当月工程碳排放量，这样就可以得到七区展馆每个月的碳排放情况，见表 2。

武汉国际博览城七区展馆施工
安装阶段每月碳排放量 表 2

碳排放	施工阶段	时间段	碳排放量（kg）
施工安装阶段	地基与基础	2009/9	112673.93
		2009/10	184243.6565
		2009/11	265048.7455
	主体结构	2009/12	330033.7269
		2010/1	381454.955
		2010/2	461972.4609
		2010/3	534646.5391
		2010/4	623909.6285
		2010/5	669151.1069
	屋顶工程	2010/6	723446.5305
		2010/7	695539.3178
		2010/8	647615.421
	装饰装修	2010/9	605791.4155
		2010/10	491189.1674
		2010/11	447568.452
		2010/12	395791.4155
		2011/1	306760.9913

5.5 计算结果分析

对于施工阶段而言，主要的碳排放来源为原材料使用所带来的碳排放，故在材料使用时考虑使用绿色节能材料对于减少全寿命期内碳排放量有很大的意义，具体分布如图 8。

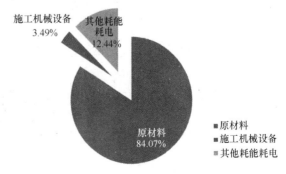

图 8 施工安装阶段碳排放构成

为了体现施工过程碳排放量，对于武汉国际博览城七区展馆，本文基于 BIM 建模以及其进度情况计算了在施工阶段建筑物每个月的碳排放量，得到如下的时间区段内（以月为单位）的碳排放量图（图 9）。

由图 9 可以看出，对于建筑物施工阶段而言，其碳排放量有以下几个特点：（1）主体工程施工工期长，随着工程的推进，各项工程逐步展开，工程物资投入不断增加，这个阶段的碳排放量也随着逐月增加，且碳排放总量在全寿命周期中也占较大的比重；（2）国际博览城展馆屋顶工程属于钢结构网架，吊装工程工期较短，但耗钢量大，并且所用的机械设备耗能较多，所以碳排放量相对集中；（3）装饰装修耗材较多，其碳排放量也占有一定的比重。

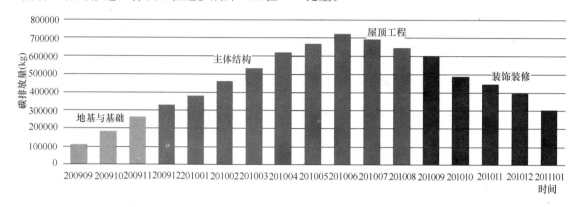

图 9　施工安装阶段分时碳排放量统计

6　结论

施工阶段受到前期规划、设计阶段及资源供应等诸多因素的影响，因此施工方案和施工进度计划的制定要综合考虑各种因素，满足工程质量、进度、成本等基本约束，方具备可操作性。利用切实可行的施工方案和进度计划对施工阶段碳排放信息建立实时检测计算模型，基于 BIM 平台利用本研究开发的系统能方便地对新的切实可行的施工方案和进度计划建立实时碳排放计算模型，并最终得到最优的切实可行的施工方案，指导低碳施工。同时基于本研究模型，在 BIM 技术下还能为运营阶段的建筑碳排放测算模型服务，并能为建筑的运营和物业管理阶段提供丰富的前期碳排放信息，以真正实现全寿命期的低碳建筑。

参考文献

[1] IPCC. 气候变化 2007：综合报告. 政府间气候变化专门委员会第四次评估报告第一、第二和第三工作组的报告[R]. IPCC，瑞士，日内瓦，2007：2.

[2] 许晃雄. 人为的全球暖化与气候变迁[R]. The 4th International Conference of Atmospheric Action Network East Asia，Taiepi，1998，9：26-27.

[3] G. Q. Chen, H. Chen, Z. M. Chen, et al. Low-carbon building assessment and multi-scale input-output analysis[J]. Commun Nonlinear Sci Numer Simulat，2010，6：583-595.

[4] Energy Information Administration (EIA). The EN-CORD Construction CO_2 Measurement Protocol，2010.

[5] 周笑绿. 循环经济与中国建筑垃圾管理[J]. 建筑经济，2005，6：14-16.

[6] 仇保兴. 从绿色建筑到低碳生态城[J]. 城市发展研究，2009，16(7)：1-11.

[7] 张陶新，周跃云，芦鹏. 中国城市低碳建筑的内涵与碳排放量的估算模型[J]. 湖南工学大学学报，2011，25：77-80.

[8] Tulaesin. A study regarding the environmental impact analysis of the building materials production process (in Turkey)[J]. Building and Environment，2007，42(11)：3860-3871.

[9] Bilal Succar. Building Information Modelling Framework：A Research and Delivery Foundation for Industry Stakeholders[J]. Automation in Construction，2009，18：357-375.

BIM 技术在某项目数字档案管理中的应用

赵灵敏　陈欣欣　张　秦　纪凡荣

（山东建筑大学工程管理研究所，山东营特建设项目管理有限公司，济南 250101）

【摘　要】 传统档案管理手段、理念、工具比较单一，由此造成管理效率难以提高，管理难度增加，管理成本上升。基于 BIM 建筑信息模型进行档案管理，能有效弥补传统档案管理的不足。本文以某项目多功能厅为例，运用 BIM 理论系统研究了信息收集、BIM 模型建立、资产统计管理等后期运营维护管理工作。为进一步提高建筑运营管理收益，推动建筑业信息化发展提供借鉴。

【关键词】 建筑信息模型；运营管理；档案管理

Application of BIM in Digital Archives Management on A Project

Zhao Lingmin　Chen Xinxin　Zhang Qin　Ji Fanrong

(Project Management Institute of Shandong Jianzhu University,

Shandong International Project Management Co., Ltd, Jinan 250101)

【Abstract】 The traditional archives management method, idea, tool are all simple. All of these add difficulty on improving management efficiency and cost. It Can effectively make up the shortfall of the traditional archives management based on building information model(BIM). In this paper, on the basis of the theory of BIM, we have systematacially studied the operation and maintenance management of a multi-function hall such as Information collection, BIM Building, asset statistics management, etc. It is very beneficial to the construction industry in that It will provide reference for improving the yield of operation management and promoting the development of information technology.

【Key Words】 Building Information Model; operation management; file management

目前，我国正处于高速城镇化模式的建设时期，全国各地的建设项目每年数以万计的增长，将会形成数以万计的建筑产品，从而对物业管理提出更高的要求。此外，一个工程项目从前期策划到投入运行和维护过程持续时间长并涉及大量参与人员，其中各个阶段所产生的数据、信息量更是巨大的。信息在传递与更迭过程中缺乏连续性和有效集成造成了物业管理效率低下。运用 BIM 在运营阶段创建信息、管理信息、共享信息，能够大大减少资产在建筑物整个生命期中的无效行为，降低各类风险，使信息表达更为便捷，设备维护更加有效[1]。将 BIM 应用于运营阶段的管理将会成为有效的管理手段。

1 运营维护阶段存在的主要问题

运营管理是指按照科学的管理方法、程序、技术要求，对各种建筑产品的日常运行、维护、招商等保值增值等工作进行管理。其作用包括充分发挥建筑住、用功能的保障；延长设备设施使用寿命，保障设备安全运行、发挥设备设施价值；对建筑产品进行招商运营管理，确保建筑产品增值。

但目前运营管理阶段存在缺乏主动性、应变性及总控性差等众多问题：一是目前竣工图纸、材料设备信息、合同信息、管理信息分离，设备信息往往以不同格式和形式存在于不同位置，如材料设备供应商等信息存在于合同文本中，材料设备产品信息存在于施工验收资料中，造成信息凌乱，运营管理难度较大；二是设备管理维护没有科学的计划性，仅仅是根据经验进行不定期维护保养，无法避免设备故障带来的损失，处于被动式地管理维护；三是资产运营缺少合理的支撑工具，没有对资产进行统筹管理统计，造成很多资产的闲置浪费[2]。

2 BIM 在运营维护阶段的应用

项目建成之后，进入运营维护阶段，这一阶段的时间远远超出建设阶段的时间，同样的该阶段的成本大约占建设项目全寿命周期的 55%～75%。因此如何更好地做好运维管理工作，是影响建设项目全寿命周期的重要内容。

进入运营维护期，BIM 模型可以发挥较好的维护管理作用，譬如，根据模型制订一份可视化的维护计划，通过模型进行可视化空间管理，进行项目灾害应急模拟，制订应急方案等。具体包括以下内容：

（1）基于可视化数据模型，对资产管理对象设施信息进行有效管理。BIM 模型中含大量的数据信息，可以将建设项目的二维、三维信息及材料设

备、价格、厂家等信息全部包含在模型中，全面与现实相匹配，避免了信息分离及丢失，全面为维护管理提供基础信息。

（2）基于 BIM 模型的设备信息资料统计，可以安排设备维护保养计划，及时对设备进行更新、维护，BIM 技术可通过专门的接口与设备连接，将设备信息实时反映到模型上，根据设备的运行参数指标来了解设备的运行情况，科学、合理地制订维护计划。

（3）企业或组织可以将所有资产建立起三维信息模型，通过对模型中所有资产信息的统计，及时更新，汇总出资产盘点情况表。便于对资产的统一经营与管理形成战略规划，提高资产利用率，使资产增值，创造更大效益。

3 BIM 在运营阶段应用的案例分析

3.1 项目背景

山东省某项目选址于济南市槐荫区西客站核心区内，东起腊山河东路，西至腊山河西路，北起济西东路，南至站前路，总占地面积约 23hm²，总建筑面积约 18.2 万 m²，以大剧院为中心，连接起图书馆、美术馆、群众艺术馆、中心广场、南地下车库以及市政配套和室外总体工程。其中多功能厅主要用于小型话剧、小型歌舞、小型魔术、曲艺、服装表演、庆典、展示、数字电影、各类会议等。舞台为全场地形式且有 6 种变换形式，形式多样，功能齐全，故室内各类设备众多，如图 1 所示。为了后期更好地方便管理、安装摆放，开始搭建多功能厅的数字化档案，甲方要求建立 BIM 模型进行多功能厅数字化档案运营管理。

在施工阶段，甲方已经建立了 BIM 建筑信息模型，在运营阶段，可在前期 BIM 模型的基础上进一步搭建多功能厅的数字化档案管理 BIM 模型。前期多功能厅 BIM 模型的搭建是在 CAD 图纸设计完成后，利用 Autodesk Revit 系列软件对二维设计成果进行三维化表达，分别对大剧院的结构、建筑、设备、电气等专业进行 BIM 模型搭建，完成了大剧院碰撞检查、预留洞口核对、管线综合等一

系列的工作。基于施工阶段产生的成果，应用到设施运营管理中，可以很好地实现BIM信息数据的

延续，使BIM全生命周期的概念得以体现。

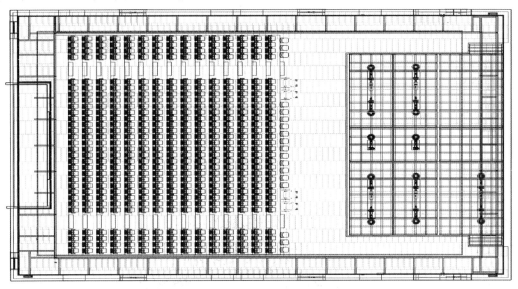

图1 多功能厅平面布置图

3.2 数字化档案信息收集

根据业主提出的相关要求，在后期运营维护领域的实际管理需求，对多功能厅内部的相关设施设备统一进行了调查。依据前期BIM信息模型对整个运营系统重新划分了分类，以满足后期业主及物业等不同层级和部门的管理需求。这样BIM信息系统平台可以突出显示需要管理的对象，汇聚管理焦点，提升管理效率，满足管理需求。

数字化档案的第一步就是收集信息，包括地面、墙面、天花等各类的信息。以地面为例，地面上的座椅及座椅类型、舞台设备、设备类型、升降台、消火栓等所有放在地面上的物品设备一一罗列。进一步收集相关信息资料，以地面升降台为例，升降台的型号规格、颜色色号、生产厂家、单价、数量等，信息总的来说划分为厂家信息和现场信息，如表1所示。

收集信息资料列表　　　　　表1

分类	产品名称	材质信息	颜色色号	生产厂家
地面	普通座椅	带木纹、亚光	RAL5011	北京奇耐特
	轮椅	带木纹、亚光	RAL5011	北京奇耐特
	旋转座椅	带木纹、亚光	RAL5011	北京奇耐特
	实木复合地板	带木纹、亚光	RAL5011	北京奇耐特

续表

分类	产品名称	材质信息	颜色色号	生产厂家
墙面	吸声板墙面	带木纹、亚光	RAL5011	北京奇耐特
	装饰板(非穿孔)	带木纹、亚光	RAL5011	北京奇耐特
	铝合金U形槽氟碳喷涂	带木纹、亚光	RAL5011	北京奇耐特
	乳胶漆	带木纹、亚光	RAL5011	北京奇耐特

3.3 数字化档案信息筛选录入

由于BIM信息模型是从先前施工阶段继承而来的，因此运用在建筑的运维管理阶段会包含较多的冗余信息，比如在施工阶段一般都会包含结构的BIM模型，但在建筑运营维护阶段，大部分建筑的结构BIM模型对建筑运营维护管理的意义不大，直接使用施工阶段的完整BIM模型成果反而会造成系统较大的负担，因此需要对模型进行一定程度的删减。同时收集来的资料信息需要根据业主要求和设备使用情况进行筛选。筛选完成后设备主要分为两部分，设备信息和设备运行信息，设备信息主要是反应设备资产的基本情况，主要记录了设备的简要信息、基本型号与规格，以及所处的位置等；设备运行信息是设备信息的进一步深化，详细记录

了设备的各种运行参数，主要易损件、配套附件，以及设备的维修保养记录等信息，是设备性能最真实的体现，如图 2 所示。

图 2　多功能厅座椅的信息录入资料

3.4　数字化档案的使用

以 BIM 建筑信息模型为基础的多功能厅数字化档案，以三维图形方式处理并创建 BIM 建筑信息模型数据，在完成信息输入的同时，就自动产生与多功能厅三维图形对应的多功能厅内物资、设施数据库，这确保了多功能厅的资产管理、物流服务直观、准确、高效，如图 3 所示。一旦选中了某一具体设备的模型构件，在界面的右侧就会出现与该设备相关的设备信息供用户查看"设备说明书"、"维修保养资料"、"供应商资料"、"应急处置预案"等各种与设备相关的文件资料，如图 4 所示。同时建筑信息模型还可提供数字更新记录，用户也可以通过点击设备信息标签，通过 3D 浏览来实现 BIM 模型的查看，进一步引入建筑的日常设备运维管理功能。

图 3　多功能厅 BIM 信息模型

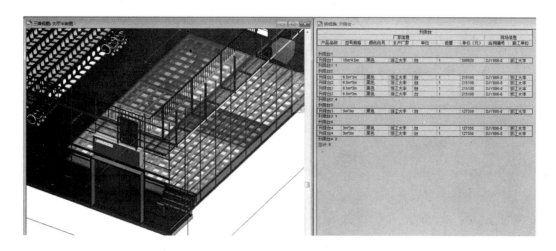

图 4　升降台设备信息数据库

4　结语

　　传统的档案管理方式，因为其管理手段、理念、工具比较单一，大量依靠各种数据表格或表单来进行管理，缺乏直观高效的对所管理对象进行查询检索的方式，数据、参数、图纸等各种信息相互割裂，由此造成管理效率难以提高，管理难度增加，管理成本上升。而利用 BIM 信息模型建立的数字化档案，具有优越的可视化 3D 空间展现能力，以 BIM 信息模型为载体，将各种零碎、分散、割裂的信息数据，以及建筑运维阶段所需的各种机电设备参数进行一体化整合，更加易于管理和使用，进一步提高建筑运营过程中的收益与成本管理水平，推动建筑业信息化的发展。

参考文献

[1]　纪博雅，戚振强，金占勇 . BIM 技术在建筑运营管理中的应用研究——以北京奥运会奥运村项目为例[J]. 北京建筑工程学院学报，2014，1：68-72.

[2]　徐勇戈，张珍 . 基于 BIM 的商业运营管理应用价值研究[J]. 商业时代，2013，18：87-89.

基于云技术的建筑群项目 BIM 集成应用研究

魏　然　徐　捷　彭　雷

（华中科技大学土木工程与力学学院，武汉 430074）

【摘　要】　本文针对建筑群项目信息管理面临的问题，在构建建筑群项目 BIM 模型的基础上引入云技术手段，提出一种有效的解决思路。从数据特点、粒度、业务维度及大数据特性等方面对建筑群项目 BIM 数据进行了分析，进而探讨了 BIM 云系统的设计及相应数据挖掘方法。最后结合建筑群项目扁平化组织结构特点探讨了基于云技术的 BIM 集成应用实施途径。

【关键词】　建筑群项目；建筑信息模型（BIM）；云技术；集成应用

Research on BIM Integration Applications for Group Buildings Based on Cloud Technology

Wei Ran　Xu Jie　Peng Lei

（School of Civil Engineering and Mechanics，Huazhong University of Science and Technology，Wuhan 430074）

【Abstract】　This paper introduces cloud technology based on BIM model of group buildings to solve the problems about information management of group buildings. It analyzes the BIM datum of group buildings about data feature，granularity，the business dimensions and Big Data characteristics，and discusses the design of BIM cloud storage system and the corresponding data mining method. Finally，it provides a flattened organizational structure for group buildings to ensure the implementation of cloud—based BIM integrated applications，which reflects the value and prospect of cloud—based BIM information integrated applications.

【Key Words】　group buildings；BIM；cloud technology；integration applications

随着经济发展和科学技术进步，近年来我国基础设施建设投资力度逐年加大，越来越多的建设项目以"集群"的形式出现。相比于单体建筑而言，建筑群项目是由多个在项目功能维度有诸多内在联系，在空间维度相互临近，甚至存在诸多空间交叉情况的单体建筑项目组合而成。因此建筑群项目相对单体建筑而言，具有投资规模大、持续时间长、社会影响大等特点，比如南水北调工程、京沪高铁工程以及各地区域性开发区建设项目等。

BIM（Building Information Modeling，建筑

信息模型）正在引领建筑行业一次巨大的变革。2011 年 5 月住房和城乡建设部印发的《2011～2015 年建筑业信息化发展纲要》（建质［2011］67号）将 BIM 技术的推广和应用作为建筑业信息化发展的核心。BIM 技术为建设项目实施精细化和信息化管理搭建了协同工作平台。基于 BIM 的建筑群项目信息集成模型，在建筑群项目管理中具有巨大的价值，主要表现在以下几个方面：信息的完备性、信息的一致性、信息的共享性、信息的动态性、信息的集成化管理。

然而，建筑群项目 BIM 因信息量大、变化复杂等特点导致其实施面临不小的挑战。作为基于互联网的新型计算技术，云技术的引入将为建筑群项目 BIM 的管理带来有效的解决方案。

1　背景

近年来，国内外学者对建筑群项目的研究逐步完善，学界对建筑群项目的认识基本趋于一致：即为了实现比单个项目更大的效益而把多个相互关联、有影响的项目放在一个管理框架下进行同步管理、协调。

建筑群项目管理可以认为是对多个单体工程项目进行集群管理，涉及建筑群项目组、各子项目、工作包、人财物信息等各类资源的复杂集合。由于不同项目的规模、复杂程度、交付物性质、用户人群、参与方项目管理水平、项目间的作用和关系各不相同，使得对建筑群项目管理比单个项目管理复杂得多[1]，主要表现在以下方面。

1.1　信息量巨大

对于建筑群项目中各个子项目而言，其信息包括了建设全生命周期中从前期策划、设计、实施到运营等各个阶段产生的数据集合。随着项目的进展，其产生的信息数据量将会以指数级别迅速膨胀，产生海量数据。与此同时，建筑群项目信息由于其在空间和功能上的复杂联系，其信息数据量并非各子项目中各参与方、各专业、各项目管理业务等信息数据的简单叠加，而是由各个相互联系子项目的信息数据库派生而成的信息集合。因此，建筑

群项目在建设过程中产生的信息量极为巨大[2]。

1.2　信息结构复杂

大量文献资料表明，在建设工程项目中的海量信息之中，结构化信息占比只有 10% 左右，而对于非结构化信息而言，其占比则达到信息总量的 90%[3]。由于组成建筑群项目的各个子项目之间存在相对独立性，因此各个子项目所产生的非结构化信息存在格式不统一的情况。各个子项目之间的信息处理与传递存在信息壁垒，最终导致信息损失与延时现象的出现。另外，组成建筑群项目的各个子项目其相对独立性也导致信息存储和处理的分散，这也在很大程度上会影响各个参建单位对信息的利用效率与准确性。

1.3　信息用户需求繁多

在建筑群项目管理中，参与方数量相对单个子项目而言，存在线性叠加的关系。而由于参与方的职能不同，导致其都有各自的信息需求，需要的信息范围、侧重点都有所区别。即使同一用户在不同时间对信息的需求也不尽相同。因此，如何确保各个参与方能够在合适的时间及时、快速、准确地获取各自需求的信息是亟待解决的关键问题。

基于 BIM 技术构建的建筑群项目信息集成模型可以有效地解决建筑群项目的信息管理问题，为建筑群项目实施精细化和信息化管理提供了很好的数据基础。然而，建筑群项目 BIM 模型数据的规模及复杂程度是空前庞大的，现有技术无法对建筑群项目 BIM 数据进行快速、安全、有效的数据存储、分析挖掘等应用。云技术即云计算技术及云存储技术的引入能有效解决这一问题。

云计算是一种基于互联网的超级计算模式，通过大量终端电脑与服务器连接，基于互联网来提供动态的、易扩展的实时虚拟化资源。云存储是在云计算（Cloud Computing）概念上延伸和发展出来的一个新的概念，是指通过集群应用、网格技术或分布式文件系统等功能，将网络中大量各种不同类型的存储设备通过应用软件集合起来协同工作，共同对外提供数据存储和业务访问功能。

云技术和 BIM 技术的结合应用有以下几个方面的优势[4]：（1）应对工作电脑性能不断提升的要求；（2）实现跨时空协同工作；（3）实现复杂数据存储及处理目标；（4）保证高机动性，用户可以随时随地访问云工作站上的 BIM 软件；（5）实现 IT 自动控制和节约服务成本；（6）保证工作连续性、安全性及灾难数据恢复的需要。

2 建筑群项目的 BIM 数据

2.1 建筑群项目的 BIM 数据特点

建筑群项目 BIM 数据描述的是建筑群项目各种建筑信息对象。它要支持多个项目全生命周期内的、各参与方使用的上百种不同的软件产品。所以，作为现代建筑信息交换与共享的基础，建筑群项目的 BIM 数据应具备以下几个特点。

（1）模型数据的完备性。一方面包括对建筑群项目各单项工程对象进行地理位置信息、3D 几何信息和单项工程间功能拓扑联系的描述；另一方面包括完整的工程信息描述，包含设计阶段、施工阶段、运维阶段数据信息以及对象之间的工程逻辑关系等。

（2）模型数据的互用性。注重在不同专业、不同流程之间挖掘本身巨大的应用价值。建筑全生命期内所涉及的各个应用主体与利益相关者，包括业主单位、勘察设计单位、施工单位、监理单位、材料设备供应商、第三方服务商等能在不同建筑阶段根据实际情况使用、增加、删除、更改及交换模型数据信息。

（3）模型数据的关联性。建筑群项目 BIM 模型中对象的关联性一方面体现在各单项工程内部构件实体对象的关联；另一方面体现在各单项工程间在位置、功能等方面的关联。所有对象会随着模型中某个对象的改变而自动更新相应数据信息。

（4）模型数据的一致性。在建筑群项目全生命期的不同阶段模型数据信息保持一致，同一模型对象在不同阶段可以根据项目建设进展的实际情况进行自动更新和扩展，无需重新创建，从而减少数据信息不一致的错误[5]。

2.2 建筑群项目的 BIM 数据粒度

BIM 模型是整个建筑项目信息交换和共享的基础。在建立 BIM 模型时有一点需要明确，即应考虑所构建的 BIM 模型在项目全生命期各阶段的数据应详细到什么程度，应包含至哪些细节——即确定数据的粒度。数据粒度过低会导致信息不足；数据粒度过高又会导致数据繁杂而效率低下。

这里所说的数据粒度包含数据广度和数据深度两个方面的内容。复旦大学李良荣教授在《世界数据化的广度深度限度》一文中指出，数据的规模代表了其广度，而数据的分析程度则代表了其深度。在 BIM 模型数据粒度的概念中，项目全生命周期过程中 BIM 模型所包含构件的种类和数目等信息，可理解为数据广度。数据广度代表了项目建筑信息的规模和复杂程度，合理的数据广度对项目实施过程中不同阶段的数据交换和共享至关重要（如构件安装、维修构件的迅速查找等）。

另一方面，项目全生命周期过程中不同阶段 BIM 模型所包含的几何尺寸、形状、材质以及相应的属性信息（产品信息、施工信息）等信息，可理解为数据深度。数据深度实质上是项目不同阶段数据饱和程度的直接反映和客观要求。同时也在内容和范围上约束了不同阶段项目各参与方所交付的数据成果。

2.2.1 BIM 数据粒度分析：数据广度

任何一个建筑群项目 BIM 模型的数据内容实际上就是该建筑群项目的工程内容。因此，建筑群项目的工程内容（各建筑单体工程项目实体构筑物及其组成构件等）决定了该项目 BIM 的数据广度。然而，一个建筑群项目可能包含着多种不同工程类型的单体工程项目，对应着不同的工程内容，对于某种特定的单体工程项目 BIM 模型，则有着相应特定的数据广度。

本文结合工程经验和计算机存储要求，鉴于土木工程实际特点，以一般房屋建筑工程为例，介绍该类型工程项目较为典型的 BIM 数据广度，其中所涉及的专业及构件仅为主要关键的专业及构件，见表1，其他工程类型可参考此表列出。

房屋建筑工程项目的BIM数据广度　　表1

工程专业	数据对象	工程专业	数据对象
建筑专业	场地	结构专业	板
	墙		梁
	建筑柱	混凝土结构	柱
	门、窗		梁柱节点
	屋顶		墙
	楼板		预埋及吊环
	天花板		柱
	楼梯（含坡道、台阶）	钢结构	桁架
	电梯（直梯）		梁
			柱脚
	家具		基础
	管道	地基基础	基坑
	阀门		工程
给排水专业	附件		风管道
	仪表		管件
	卫生器具		附件
	设备	暖通风道系统	末端
	设备	暖通专业	阀门
电气专业	母线桥架线槽		机械
	管路		设备
	水泵		暖通水管道
	污泥泵		管件
工艺设备专业	风机	暖通水管道系统	附件
	流量计		阀门
	阀门		设备
	紫外消毒设备		仪表

2.2.2 BIM数据粒度分析：数据深度

BIM模型的数据粒度对项目实施过程中的建模，数据的交换、共享和数据存储时的数据挖掘等工作至关重要，必须引起重视。国内建筑行业在BIM模型数据标准方面还没有统一的规定，故结合工程经验，以一般房屋建筑工程项目为例，将数据深度共分六级，分别为Lv.1～Lv.6，如表2所示，用以描述不同项目阶段数据深度，以供参考。

房屋建筑工程项目BIM数据深度等级划分及内容描述　　表2

数据深度等级		数据内容描述	应用举例
Lv.1	方案设计阶段	具备基本的尺寸形状，包括非几何数据，轴线、面积、位置	设计阶段的能耗分析或结构受力分析
Lv.2	初步设计阶段	近似几何尺寸，形状和方向，能够反应构件大致的几何特征并包含几何尺寸、材质、产品信息（例如电压、功率）等	
Lv.3	施工图设计阶段	物体主要组成部分必须在几何上表述准确，能够反映物体的实际外形，构件应包含几何尺寸、材质、产品信息（例如电压、功率）等，模型包含信息量与施工图设计完成时的CAD图纸上的信息量应该保持一致	施工阶段的施工流程模拟或方案演示、深化设计
Lv.4	施工阶段	详细的模型实体，最终模型尺寸，能够根据该模型进行构件的加工制造，构件除包括几何尺寸、材质、产品信息外，还应附加模型的施工信息，包括生产、运输、安装等方面	
Lv.5	竣工提交阶段	除最终模型尺寸外，还应包括其他竣工资料提交时所需的信息（资料应包括工艺设备的技术参数、产品说明书/运行操作手册、保养及维修手册、售后信息等）	竣工验收、项目交付评价
Lv.6	运营维护阶段	在竣工模型的基础上还应包括构件的维修养护、安装更换等信息，建筑物拆迁、改扩建重建、报废等信息	项目的运营维护管理

2.3　建筑群项目BIM的业务数据维度

在信息学科中，"数据元（Data Element）"又称为数据元素，指通过定义、标识、表示以及允许值等一系列属性描述的数据单元[6]。本文将这个概念运用到建筑群项目BIM的集成管理中来。

在建筑群项目BIM模型中如果将一个房屋项目单体设计为数据元，则该项目单体的投资（成本）、进度、质量、安全等数据都从不同的角度描述这个房屋项目单体数据元的特征，而这里所认为的每个角度就是该数据元的一个数据维度。

2.3.1 建筑群项目 BIM 的数据维度及分解结构

对于一个建筑群项目 BIM 模型，将其设计为数据元，则其数据维度与一般项目单体数据元的数据维度必然存在着不同。为了确定建筑群项目数据元的数据维度，本文在工程项目的管理业务（即管理要素）数据分解结构的基础上从 9 个数据维度展开（图 1），提炼并建立建筑群项目全生命周期的业务数据结构体系，清晰、全面、科学地梳理项目BIM 信息的集成关系，为项目管理决策提供充分的数据基础[7]。

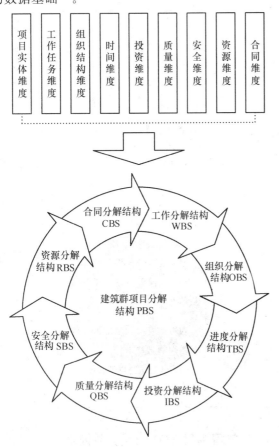

图 1　建筑群项目 BIM 的数据
维度及分解结构

（1）建筑群项目分解结构 PBS：按照建筑群项目内多个子项目实体维度分解建筑群项目。通常一个建筑群项目的管理，第一步工作就是对项目实体对象逐层分解成各级子项目形成树形结构。建筑群项目分解结构 PBS 是项目其他业务分解的基础。

（2）工作分解结构 WBS：按照工作任务维度分解建筑群项目，其分解的对象是项目团队为实现项目目标、提交可交付成果而执行的工作。随分解层次的深入，所定义的项目工作也就越详细越具体，位于整个 WBS 分解结构最底层的是工作包。

（3）组织分解结构 OBS：按照参建企业内部（合同部、工程部、财务部等）及外部（业主、监理、施工等）的组织情况分解建筑群项目，从而明确执行工作任务的组织安排。

（4）进度分解结构 TBS：按照项目实施过程中的时间维度分解建筑群项目形成工程项目策划、规划、设计、建造施工、交付、运营维护、报废拆除等项目期间。

（5）投资分解结构 IBS：按照投资维度分解建筑群项目。围绕着投资分解结构将项目的投资及成本管理的核心数据以及所有业务数据组织关联起来。

（6）质量分解结构 QBS：按照质量维度分解建筑群项目，根据质量管理体系标准对工程项目的产品质量、工序质量、工作质量进行评定并分解，结果可作为项目交付时的参考指标。

（7）安全分解结构 SBS：按照安全维度分解建筑群项目，主要从人的因素和建筑物的因素两个方面对项目进行安全量化指标评定分解。

（8）资源分解结构 RBS：按照材料、设备（机械）、人工、环境、信息等分类及其明细的资源维度分解建筑群项目。

（9）合同分解结构 CBS：按照合同维度分解建筑群项目，在项目建设各阶段产生特定的合同，主要包括工程施工合同、专业服务合同、物资供应合同、保险合同和担保合同以及其他合同。

2.3.2 数据维度分解结构关联分析

采用上述数据维度分解结构，并建立分解结构间的关联关系，提取相关信息以辅助工程决策，下面通过两个典型的关联组合进行说明。

（1）IBS—OBS 关联组合：按照前期投资、建造投资（细分为：人工、材料、机械等）、运营投资、其他配套投资（工资、财务、办公费用等）等形成投资分解结构。按照项目总控管理组织、策划管理组织、项目实施投资（成本）管理组织、工程建造管理组织、资源管理（材料、设备、劳务）组织等形成组织分解结构。最后得到项目投资或成本的对应组织管理责任矩阵。

根据以上的分解结果，业主方等可以视具体需

要从 BIM 模型中按照 IBS—OBS 关联业务组合将投资维度和组织维度的 BIM 数据进行集成提取以指导建造决策。例如，基于"建造劳务—资源管理部门"关联组合的 BIM 投资、组织数据的集成可以辅助材料部门对材料劳务的管控、设备部门对设备劳务的管控等。本文给出某博览城项目的 IBS—OBS 关联组合分析（图2）。

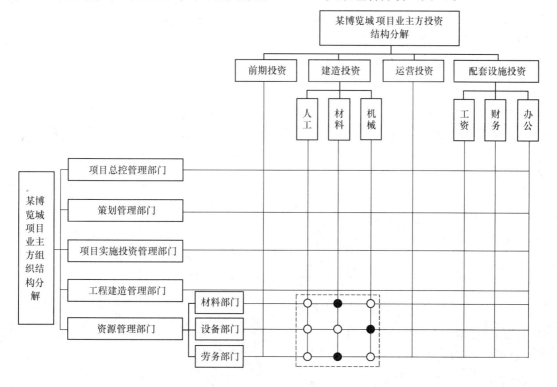

图2　IBS—OBS关联组合分析图

（2）WBS—TBS 关联组合：按照前期策划工作、招标设计工作、建造施工工作（细分为：基础工程、地下工程、主体工程、装修工程、设备安装工程等）、销售工作、运营维护工作等形成工作分解结构。按照项目前期策划期间、项目招标设计期间、项目建造施工期间、项目运营维护期间，或按照年度、季度、月度、周、日等形成期间进度分解结构。最后得到项目进度工作计划。

根据以上的分解结果，施工方等可以视具体需要从 BIM 模型中按照 WBS—TBS 关联业务组合将工作任务维度和时间维度的 BIM 数据进行集成提取以指导施工。具体地说，包括基础工程等各专业工程在内均可以按照所划分的进度期间进行进度计划控制。

2.4　建筑群项目 BIM 的大数据特性

建筑群项目 BIM 模型数据具有多维特征，并且数据规模庞大、类型复杂、关联性强、增长迅速。由此可见，建筑群项目 BIM 数据具备大数据的典型特性。

（1）多格式多种类数据。建筑群项目 BIM 数据涉及建筑全生命周期各阶段、各类专业、各相关主体等多种信息的交换与共享。此外，BIM 数据的格式既有各 BIM 软件厂商的专用数据格式，又有工业标准组织的 IFC 等标准格式。因此，建筑群项目 BIM 数据多格式多种类的大数据特性十分显著，并且伴随着工程项目体量增大、子项目增多以及软件的发展，这种特性愈发显著。

（2）不断增长的数据量。对于建筑企业来说，BIM 数据属于重要的数据资料，是珍贵的财富，因此，BIM 数据不会被删除而将不断地积累增长甚至加速增长直至超出建筑企业的预计或规划。通常这个数据量的规模在数十 TB 级至 PB 级，这给存储系统带来了极大的挑战。

（3）高性能要求。这里的性能主要指的是建筑群项目 BIM 数据传输和被处理的速度。具体来说，涉及客户端数据处理能力、数据流交付和访问、服务器计算处理能力和存储器的吞吐能力。建筑群项目 BIM 数据不断增长的数据规模和繁杂的数据格式、种类直接要求了相当的带宽和性能。因此，高性能意味着要求数据能被高速传输同时被迅速处理[8]。

建筑群项目 BIM 多维数据的特性说明了建筑群项目 BIM 数据是建筑领域的大数据，具有大数据的功能特性和存储需求，这使得建立建筑群项目的 BIM 云系统成为建筑群项目 BIM 数据存储的必然选择。在存储资源获取接口上，云存储和传统存储在功能上并无差异。然而，相比传统存储，云存储显著的优势在于可以按需提供易管理、高可扩展、高性价比的存储资源[9]。而云计算的高速、稳定为数据挖掘提供了很好的支持。本文据此提出使用 BIM 云系统作为建筑群项目 BIM 数据的存储及应用平台。

3 建筑群项目的 BIM 云系统

3.1 建筑群项目 BIM 云系统的需求分析

BIM 云系统是可以面向大数据存储的计算机系统服务，不同需求的存储，结构设计有所不同。本文提出的建筑群项目 BIM 集成存储系统面向的是建筑群项目 BIM 模型全生命周期的所有工程数据信息，服务于建筑全生命周期各项目参与方的用户。为了使设计出来的 BIM 云系统能科学合理地满足各项目参与方用户的需求，结合 BIM 应用特点，本文提出本系统应具备如下的几个特性。

3.1.1 协同性

本系统可以实现项目参与各方之间跨地区、跨企业的即时协同工作。在项目全生命周期的任何一个阶段，任何一参与方可以通过将建筑群项目 BIM 本地应用同步到 BIM 云系统，从而不受时空的约束，便利地获取、更改和管理数据信息[10]。

3.1.2 可扩展性

本系统提供一个巨大的存储池，存储空间的使用有不同的负载周期，根据负载对存储空间进行动态伸缩以提高存储空间利用率[11]。这特别适合于设计、建立项目 BIM 模型的勘察、设计单位的用户，其在项目全生命周期的有机扩展可以通过这种存储池来得以实现。

3.1.3 低成本

本系统使用高性价比的云虚拟服务器，在面对数据量庞大的 BIM 文件时免去了传统模式下为每位使用 BIM 文件的员工配置各自的高性能 PC 的高额费用。同时，本系统的使用能降低后期开发、维护、管理等成本[12]。相对于传统单机开展 BIM 工作而言，本系统的使用者越多成本越低。

3.1.4 高数据访问性

纵观项目全生命周期，在任何一个项目阶段中都存在着大量的 BIM 活跃数据，而这些数据往往是项目建设和使用的关键数据，常常关系到项目建设和使用的效率和安全。因此，本系统提供了较高的数据访问速度，确保能够快速准确地提取所需的 BIM 数据信息。

3.1.5 集成性

根据建筑群项目 BIM 的项目实体等 9 个维度分析建筑群项目 BIM 全生命周期的数据信息，并运用集成管理的思想提出构建建筑群项目 BIM 云系统。本 BIM 云系统通过统一的数据文件目录结构和数据文件命名规则实现 BIM 数据的集成存储、分类存储，有效提高信息存取的效率。

3.1.6 安全性

通过制定标准的 BIM 云访问应用接口让用户登录 BIM 云系统，不同项目参与方或同一参与方不同的管理层级人员根据权限管理规则经授权后，通过网络接入、用户认证和权限管理接口的方式登入 BIM 云系统，享受系统提供的相关服务。

3.1.7 可靠性

本系统具备对系统的监视，错误的检测、容忍和自动恢复，以及数据冗余备份等关键功能特性以保障核心数据安全。这对于传统的依靠单机开展BIM工作的方式而言其安全等级的提升是不言而喻的。

3.2 建筑群项目BIM云系统设计

3.2.1 系统功能设计

本系统面向的是建筑群项目BIM全生命周期的所有工程数据的存储，模型数据文件的大小一般是几十MB至几个GB。在本系统中，对数据文件的操作主要是以数据流方式的顺序进行读和写。本系统支持的云平台需要部署很多种应用，这些应用存储在平台上的数据一般情况下都是"写入一次、多次读取"的文件访问模型。

从用户的角度考虑这个问题。业主作为最常使用本系统的用户之一，在项目开始实施时，业主根据一定数据存储规则在系统中新建整个建筑群项目的目录结构。随着项目的进展，相关BIM数据开始产生并不断增长完善，业主根据项目实际情况在

目录中新建相关的BIM数据文件，直至项目的施工竣工时将形成一个相对完整的目录文件结构。在项目建设过程中，目录中的文件将被经常性地读取使用以指导施工。当出现设计变更时，相关BIM数据将发生变化，业主则需要在系统中对该目录内容、数据文件进行相应调整。

简要地概括以上这些用户的文件操作功能，包括：新建目录、删除目录、修改目录；新建文件、写文件、读文件、删除文件等。因此，本系统要能够向用户提供这些操作的标准接口。

3.2.2 系统架构设计

一般而言，一个标准的云存储功能应包含以下几个层面：访问层、应用接口层、基础管理层和存储层，在各个层级方面的复杂程度会随之改变，首要原则以满足用户需求为准。本文参考一般性云存储模型，基于松弛耦合非对称（Relaxation coupled asymmetric structure）低成本阵列（LCA）架构，提出了一种特别适合BIM模型资源存储的云存储简化模型BDFS（Bim Data File System）。系统总体层次架构如图3所示。

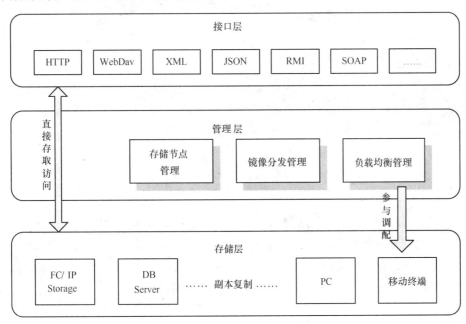

图3　建筑群项目BIM云系统架构图

存储层：存储层是BIM云系统的最底层、最基础的一层。基于BIM数据调用的特点，本BIM

云系统更强调低成本的快速构建以及提供便捷的读写服务。系统本身不需要考虑存储规则的优化或者

资源池合理分配等具体实施措施，以简化 I/O 过程，提高存取效率。

管理层：管理层是 BIM 云系统中最核心的部分，主要是由存储节点管理、负载均衡管理和镜像分发调度管理模块等几个模块构成。本层中，除了负载均衡管理模块参与到了存储层的调配工作，其他模块都以"第三者"的身份来对其进行控制。这样不仅使得管理层本身的工作负荷减小，也能对其他层业务尽量减少干预和影响。

接口层：接口层是 BIM 云系统向外提供服务的接口。使用者可以根据实际业务需求，配置不同的应用服务接口，提供不同的应用服务。同时还能针对日后的需求增加，随时扩展服务类型。

3.3 建筑群项目 BIM 云系统数据挖掘方法

3.3.1 数据挖掘基础

在建筑群项目管理中，工程对象的建设规模、结构形式、施工条件各不相同，设计、施工中所涉及的数据众多、信息复杂、不确定性大，使得大量信息仅用于当前的施工管理，历史数据被弃置，管理经验和规律无法科学有效地提炼和归纳。

利用 BIM 云进行工程数据的存储及挖掘具有先天的优势。BIM 并不是简单地将数字信息进行集成，它是一种数字信息的应用。基于 BIM 的云系统能提供丰富有效的数据源，数据挖掘技术的应用能较大地提高数据利用率和工作效率。

3.3.2 数据挖掘过程

知识发现是一个交互式、循环反复的整体过程，可以用一个等式非常形象地表示：KDD＝数据预处理＋DM（数据挖掘）＋解释评价，其中数据挖掘是其最核心部分。具体来说，一个完整的数据挖掘过程包括以下几个步骤（图 4）。

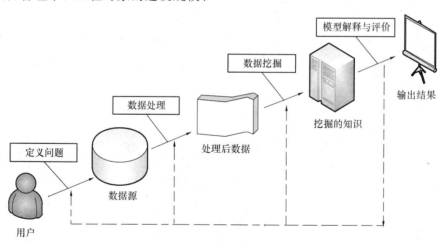

图 4　数据挖掘流程图

1. 定义问题

首先，在进行数据挖掘前必须熟悉挖掘对象（即所研究领域的大量数据）的背景知识，明确数据挖掘的目的和任务，对目标进行可行性分析（是可操作的），证实数据可以满足实际使用需要。

2. 数据准备

数据准备是数据挖掘非常重要的一个阶段。数据准备的好坏将影响到数据挖掘的效率和准确度以及最终挖掘模式的有效性。数据准备阶段的工作包括：数据的净化、集成、应用变换、精简。

3. 数据挖掘建模

在数据挖掘阶段需确定使用的挖掘算法（包括选取合适的模型和参数）。同样的任务可以用不同的算法来实现，一般要考虑数据特点、用户需求等多方面因素来确定具体的挖掘算法。最后将挖掘结果用一定的方法进行表达。

4. 模型解释与评价

数据挖掘阶段发现出来的模式需要进行专业的解释和分析，根据用户的决策目的对提取的知识进行分析，把最有价值的信息提交给用户。经过用户或机器的评估，剔除冗余或无关的模式。当模式不满足用户要求时，需要返回前面的某些步骤以反复提取，如重新选取处理数据、设定新的数据挖掘参数值，甚至换一种挖掘算法等。

3.3.3 建筑群项目 BIM 云数据挖掘案例

本文结合某博览城项目说明数据挖掘在建筑群项目 BIM 云系统进度风险分析中的应用。以博览城项目 BIM 数据库为基础，通过分析工程进度风险管理办法，对建设工程工期延误风险建立数据挖掘模型，使用 Apriori 算法挖掘工程项目进度风险因子之间的关系。本文在挖掘过程中，所有数据均可由 BIM 云系统获得。

IFC 格式是 BIM 数据通用标准格式，作为开放的数据标准，IFC 标准能很好地支持 BIM 数据的交换与共享，是建筑全生命期内各参与方进行信息交换与共享的基础。

目前的 IFC 标准已经具备表达建设项目进度信息的能力，基于 IFC 数据模型标准对进度信息进行建模，可以由 BIM 模型自动生成项目进度报告。首先系统从 IFC 中提取基本数据以生成对象工程量清单，接着将这些对象工程量和工序包结合，工序包包含所有活动及这些活动之间的逻辑关系；然后把工序包与标准生产率数据联系计算出活动的持续时间。根据活动、活动持续时间和活动间逻辑关系可以计算出第一个进度，再把资源可得性、成本和时间约束考虑在内，可用于进度优化以及 4D 模型可视化。用户可以更新 3D 模型，工序包中的活动和活动间的逻辑关系，资源、时间和成本约束，以及实际条件数据下的进度。

在开展数据挖掘工作之前，需要将进度风险因素作为选择集存储在 BIM 云系统中，对于每一项延误工作，项目管理人员需要分析总结可能的延误原因，并将相应的风险因素与延误信息相关联。工程进度风险因素主要分为五类，并将每一类赋予一个 ID 号，便于记录工程延误信息（表 3）。

环境因素：环境因素来源于社会环境和自然环境的不稳定性，如政局不稳定、战争状态、经济政策变化、价格波动、恶劣天气、不可抗自然力、场地交通条件、未预见的特殊地质条件等。

风险因子 ID	表 3
风险因子 ID	风险因素
I_1	环境因素
I_2	项目系统因素
I_3	组织协调因素
I_4	承包商因素
I_5	项目管理者因素

项目系统因素：项目系统因素是项目在前期策划、计划和控制过程中出现问题而存在的风险因素，包括项目目标和定义错误、可行性研究失误、项目分解不合理、技术方案不符合实际、各项计划互有冲突、各种控制措施不力等。

组织协调因素：组织协调因素是项目有关各方关系不协调以及其他不确定性而引起的，如各项接口设计不合理、项目管理者对项目总目标或任务文件理解错误、各合资方非程序地干预项目的实施、项目经理部效率低下等。

承包商（供应商）因素：如承包商管理能力和技术能力不足、执行合同不力、工作人员消极、错误理解业主意图和招标文件；供应商不能按时交货，材料质量不符合要求；设计院设计错误、工程技术系统之间不能协调、设计文件不完备、不能及时交付图纸等。

项目管理者风险：如项目管理者缺乏经验、管理能力不足、工作消极、职业道德不高，起草错误的招标文件、合同条件，下达错误指令等。

积累了大量的工程延误记录及其风险因素之后，本文提出采用 Apriori 算法对施工进度风险的耦合关系进行挖掘，构建 BIM 云系统的进度风险分析模型。

Apriori 算法是一种关联规则的频繁项集算法，其核心思想是通过候选集生成和情节的向下封闭检测两个阶段来挖掘频繁项集。该算法利用了一个层次顺序搜索的循环方法来完成频繁项集的挖掘工作。这一循环方法就是利用 k 项集来产生 $(k+1)$ 项集。具体做法就是：首先找出频繁 1-项集，记为 L_1；然后利用 L_1 来挖掘 L_2；即频繁 2-项集。

不断循环下去直到无法发现更多的频繁 k 项集为止。每挖掘一层 L_k，就需要扫描整个数据库一遍。

下面利用 Apriori 算法对工期延误原因进行一个单层布尔关联关系的挖掘模拟（表4）。

工期延误风险记录　　表4

TID	延误记录风险因子 ID 列表
T_1	I_1、I_2、I_5
T_2	I_2、I_4
T_3	I_2、I_3
T_4	I_1、I_2、I_4
T_5	I_1、I_3
T_6	I_2、I_3
T_7	I_1、I_3
T_8	I_1、I_2、I_3、I_5
T_9	I_1、I_2、I_3

以下给出利用 Apriori 算法对工期延误原因进行一个单层布尔关联的简单挖掘模拟。如表4所示数据，这里事物集合 T 代表所有工期延误的项目或活动，项目数据库 D 中有9条延误项目的记录，即有 $D=9$，T 表示所有的工期延误的项目，I 表

示工期延误的原因，下面是计算的过程。

（1）算法的第一遍循环。数据库中每个（数据）项均为候选 1-集 C_1 中的元素。算法扫描一遍数据库 D 以确定 C_1 中各元素的支持频度。

（2）假设最小支持频度为 2（min_sup＝2/9＝22％）。这样就可以确定频繁 1-项集 L_1。它是由候选 1-项集 C_1 中的元素组成。求得的结果可以看出，所有工期延误的项目中满足最小支持度的延误原因是 $\{I_1，I_2，I_3，I_4，I_5\}$ 的支持率分别为 6/9＝66％、7/9＝77％、6/9＝66％、2/9＝22％、2/9＝22％（图5）。

（3）为发现频繁 2-项集 L_2 算法利用 $L_1 \oplus L_1$，来产生一个候选 2-项集 C_2，C_2 中包含10个2-项集（元素）。接下来就扫描数据库 D，以获得候选 2-项集 C_2 中的各元素（2-项集）支持频度，如图6所示。

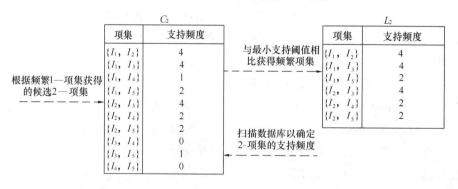

图5　搜索候选1—项集和频繁1—项集

图6　搜索候选2—项集和频繁2—项集

（4）由此可以确定频繁 2-项集 L_2 内容。它是由候选 2-项集 C2 中支持频度不小于最小支持度的各 2-项集。

（5）以此类推，获得候选 3-项集。首先假设 $C_3=L_2 \oplus L_2$，即 $\{\{I_1，I_2，I_3\}，\{I_1，I_2，I_5\}，\{I_1，I_3，I_5\}，\{I_2，I_3，I_4\}，\{I_2，I_3，I_5\}，\{I_2，$

$I_4，I_5\}\}$。根据 Apriori 性质"一个频繁项集的所有子集也应是频繁的"，由此可以确定后四个项集不可能是频繁的，因此将它们从 C_3 中除去，这也就节约了扫描数据库 D 以统计这些项集支持频度的时间。

（6）扫描数据库 D 以确定 L_3 内容。L_3 是由

C_3 中那些支持频度不小于最小支持频度 3-项集组成。算法利用 $L_3 \oplus L_3$ 来获得候选 4-项集 C_4，求得 C_4 为空，最后得到表 5。

Apriori 挖掘结果　　　表 5

频繁 1—项集		频繁 2—项集		频繁 3—项集	
项集	频度	项集	频度	项集	频度
$\{I_1\}$	6	$\{I_1, I_2\}$	4	$\{I_1, I_2, I_3\}$	2
$\{I_2\}$	7	$\{I_1, I_3\}$	4	$\{I_1, I_2, I_5\}$	2
$\{I_3\}$	6	$\{I_1, I_5\}$	2		
$\{I_4\}$	2	$\{I_2, I_3\}$	4		
$\{I_5\}$	2	$\{I_2, I_4\}$	2		
		$\{I_2, I_5\}$	2		

从表 5 中可以看出，所有工期延误的项目中一个主要的原因就是 $\{I_2\}$ 的支持率为 $7/9 = 77.8\%$。只找到单项频集不是数据挖掘的任务，只要对所有数据进行简单的统计就可以得到这个结果。从 2 项频集和多项频集中可以得到以前没有掌握的某些规律，如 $\{I_1, I_2\}$ 的支持率为 $4/9 = 44\%$，当一个项目具备了两个不利因素时就要防止这个项目的工期延误。

4　基于云技术的建筑群项目 BIM 集成实施应用

4.1　基于云技术的 BIM 应用扁平化组织

4.1.1　基于云技术的 BIM 应用扁平化组织构建

传统二维 CAD 时代下建筑业生产效率的低效性是困扰建筑业的一大难题，本质原因之一就是建设项目实施过程的分散性，建筑业信息化程度和建设模式集成程度低。BIM（建筑信息模型）集成了建设项目的各阶段的信息并提供协同工作环境，本文据此提出构建基于 BIM 的扁平化组织结构，以解决上述问题。

扁平化组织结构是指通过破除传统的、纵向的、自上而下的金字塔式组织结构，减少组织管理层次，优化组织管理职能，增加组织管理幅度来建立的一种横向扁平状的组织结构，达到使组织变的灵活，敏捷，富有柔性、创造性的目的。

将扁平化组织结构与 BIM 技术相结合能够更好地推进大型建设项目的建设。首先，扁平化组织结构高效的信息收集、整理和共享有利于 BIM 建筑信息模型、建设管理数据库、信息管理平台的建立，使 BIM 技术更好地应用于大型项目；其次，扁平化组织结构对项目周围环境的变化能够迅速做出反应，及时调整方案，实时更新模型，避免环境变化带来的损害；再次，BIM 技术为扁平化组织结构提供了一个可视化的决策平台，对项目变化事前控制和动态控制提供技术支持。

在信息管理平台的基础上各参与单位，特别是业主与项目管理方应共同建立由具有 BIM 专业知识、熟悉项目实施的员工组成的高素质管理团队，形成数字化的多位一体的项目管理平台。业主方通过项目管理平台向各参与单位的工作团队授权，以基于 BIM 的信息管理平台为纽带，各工作团队内上下级管理者之间的关系由传统的发号施令者和被动执行者的关系转变为一种新型的团队成员扁平化的工作关系（图 7），在这种基于 BIM 的扁平化组织结构中，包括业主方在内的各参与单位工作团队均有参与工程项目决策的机会，各参与单位有关工程项目建设的建议决策指令均通过项目管理平台分析确定后发出，能充分发挥 BIM 技术在项目管理中的作用，增加各参与单位建设的积极性，提高团队成员的独立工作能力[13]。

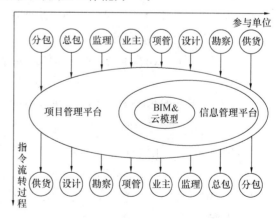

图 7　基于 BIM 扁平化组织结构关系图

4.1.2　基于 BIM 的扁平化组织结构的内在机制

在 BIM 组织中，参与方地位平等，他们基于相互信任，开展各种交流和协作，共享全生命周期的信息，共同促进建设项目的顺利实现。基于

BIM 的扁平化组织结构的内在机制建设应从如下几个方面入手：

（1）确立统一目标。业主方应确立项目的总体目标高于一切的价值理念，项目参与方需拥有完成总项目任务的共同目标，具有平等合作的关系，并为共同目标各司其职。

（2）建立动态联盟。在全生命周期内，不断有参与方的介入与退出。通过签订合同或协议分清项目各方在项目中的责任，结成动态联盟，以保证各参与方之间稳固的关系。

（3）建立信任文化。由于各参与方是基于网络协作平台进行沟通和协调的，因此需要参与方之间形成一种平等、信任和协作的关系，形成合作的气氛，构建一种以信任为基础的组织文化。

（4）风险分担合理化。业主方在与项目参与各方签订合同及有关协议时就确定严格的激励奖惩条款。例如在项目实施过程中的投资节余和增值部分可实现利益共享。

4.2 基于云技术的建筑群项目 BIM 管理应用方法

4.2.1 基于云技术的建筑群项目 BIM 管理应用目标

BIM 管理应用目标是指通过运用 BIM 技术为项目带来的预期效益，一般分为总体目标和阶段性目标。总体目标是指整个项目建设周期内所要达到的预期目标；阶段性目标是指项目在策划、设计、施工、运营等不同时期预期实现的具体功能性目标[13]。

4.2.2 基于云技术的建筑群项目 BIM 管理流程

基于云技术的建筑群项目 BIM 管理总流程和工作内容仍然不变。在设计阶段不再需要概念设计、方案设计、初步设计、施工图设计等工作，都将体现为对 BIM 的建模与修改的过程。尽管流程简化，但难度更高。

在施工管理阶段，三控制两管理的核心都被涵盖在以 BIM 模型为基础的虚拟建筑之中，以此来压缩项目管理的流程也是 BIM 思想的初衷。

交付使用的阶段除了将实体工程项目交付使用外，还将包含有建设项目所有工程信息的建筑信息模型一并交付给业主，支持后续的运营维护。

在项目运营维护阶段，成熟的 BIM 模型将更加长久地发挥作用。该阶段 BIM 模型包含的大量属性信息成为设施管理和更新的可靠依据。

在项目达到使用寿命，退役之后，BIM 模型仍然能够作为项目经验的积累，为探索更加成熟的建筑群项目 BIM 管理模式提供参照[14]。

4.2.3 基于云技术的建筑群项目 BIM 的应用模式

基于云技术的 BIM 的应用模式类似于基于案例推理（CBR）的推理应用过程。

一个完整的 CBR 系统主要由 4R 个基本过程组成，分别对应着案例的检索、重用、修改/修正和保留。对于以往案例的重复利用是 CBR 技术的核心，由于新旧案例具有差异性，所以需要具体问题具体分析，对旧案例进行修正。

在建设领域，每个工程项目的实施过程都遵循着相似的流程和步骤。当第一个 BIM 项目的模型 A 建立后，它便可以当作案例知识进行存储。当碰到下一个 BIM 项目的任务时，便可以从系统中调用模型 A，根据现有项目的实际情况进行适当修正，得出其对应的模型 B。这种经验知识的累计与传递将大大缩短项目时间，有效减少重复工作，节省资源，降低常规错误的发生率。同时，模型 B 的存储将继续完善系统中案例的准确性与完备性，为后续 BIM 项目的实施奠定更好的基础。

5 结论

当前建筑群项目的信息管理采用云技术手段的较少，无法对建筑群 BIM 模型数据库这类大数据进行快速、安全、有效的数据存储及挖掘应用。因此，随着建筑行业信息化的迅猛发展，BIM 技术应用的普及，这一信息技术手段的应用必将成为未来建筑行业发展的趋势。本文从建筑群项目的 BIM 数据入手，提出构建建筑群项目 BIM 云系统，充分反映了基于云技术的 BIM 信息集成应用的价值和前景。下一步工作将是需要评估 BIM 云系统在生产环境中的可靠性以及在存储节点异常情况下该存储系统的性能表现，以进一步推进 BIM 云系统在建筑群项目信息管理中的应用。

参考文献

[1] 陈超. 建设工程项目群管理研究[D]. 重庆大学. 2009：50.

[2] Jaafari A. Project and program diagnostics：A systemic approach[J]. International journal of project management，2007，25(8)：781-790.

[3] Shehu Z，Akintoye A. Construction programme management theory and practice：Contextual and pragmatic approach[J]. International Journal of Project Management，2009，27(7)：703-716.

[4] Chris France. BIM and the cloud little diversified architectural consulting[EB]. http：//www. aecbytes. com/feature/2010/BIM _ Cloud. html.

[5] 张建平，张洋，张新. 基于 IFC 的 BIM 及其数据集成平台研究[R]. 第十四届全国工程设计计算机应用学术会议. 2008：6.

[6] 阮明瑞. 动态信息维度在预算管理系统中的设计与实现[D]. 复旦大学，2010：77.

[7] 肖汉. 基于工程项目管理结构化数据体系及业务逻辑分析的项目多职能集成化管理[J]. 中国建设信息，2008，4：61-63.

[8] EMC isilon. 大数据解决方案为 BIM 构建坚实的信息基础架构[C]. BIM 与工程建设信息化——第三届工程建设计算机应用创新论坛 2011，13.

[9] 李海波，程耀东. 大数据存储技术和标准化[J]. 信息技术与标准化. 2013，5：23-26.

[10] Liu，Q.，G. Wang，J. Wu. Secure and privacy preserving keyword searching for cloud storage services [J]. Journal of Network and Computer Applications，2012，35(3)：927-933.

[11] Wang，Z. X.. Cloud Storage：the New Choice of Digital Libraries Store [J]. Advanced Materials Research，2011(219-220)：1660-1663.

[12] Bi，Z. B.，H. Q. Wang. BIM Application Research Based on Cloud Computing[J]. Applied Mechanics and Materials，2012(170-173)：3565-3569.

[13] 孙峻，李明龙，李小凤. 业主驱动的 BIM 实施模式研究[J]. 土木工程与管理学报，2013，3：80-85.

[14] 黄晓庆. 云计算带来的机遇和挑战[R]. 首届中国云计算大会. 2009. http：//it. sohu. eom/20090522/n264111756. shtml.

BIM 应用路径分析

赵雪锋

（北京工业大学建筑工程学院，北京 100124）

【摘　要】 对 BIM 应用成熟水平的多个阶段及阶段间的发展步骤进行研究，提出了 BIM 的整体发展框架：BIM 应用前的阶段、BIM 应用逐渐成熟的三个阶段（包含基于对象的建模阶段、基于模型的协作阶段、基于网络的集成阶段）、BIM 应用的未来阶段。通过对 BIM 数据信息交互性的分析，研究了各阶段的信息特点和各阶段在整个发展框架中的地位和作用，以及 BIM 应用阶段间的跃迁步骤。

【关键词】 BIM；发展框架；应用路径；数据流；一体化项目交付

Analysis of BIM Application Path

Zhao Xuefeng

（The College of Architecture and Civil Engineering，Beijing University
of Technology，Beijing 100124）

【Abstract】 Based on the study about periods of BIM usage and development steps between every period，this paper proposes a framework of BIM development stage：stage before BIM is applied(pre-BIM)，stage when BIM is getting popular(including object-based modeling stage，model-based cooperating stage，network-based integrating stage)，stage about BIM application in the future. Through the analysis of BIM data inter-crossing，some studies are done，such as the information characteristics of each phases，the position and function of each stage in the whole development framework，and the transition steps of each BIM phase.

【Key Words】 BIM；development framework；application path；data flow；Integrated Project Delivery

　　当前 BIM 技术已经比较成熟，但是技术的成熟并不等于应用模式的成熟。BIM 应用还存在许多不确定性，需要建设工程参与者共同来解决。本文对 BIM 的发展进行研究，将 BIM 的发展进行阶段划分，提出 BIM 的发展框架。认为在 BIM 的整体发展框架中，可以将 BIM 的发展总结为三个阶段——BIM 应用前的阶段、BIM 应用逐渐成熟阶段、BIM 应用未来阶段（图 1）。其中 BIM 应用逐渐成熟阶段包括基于对象的建模阶段、基于模型的协同工作阶段、基于网络的集成阶段；BIM 应用未来阶段用一体化项目交付（Integrated Project Delivery，IPD）来对 BIM 应用的前景或最终目标进行描述。下面将对这几个阶段进行研究。

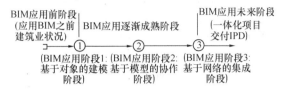

图 1　BIM 应用阶段划分图

1　BIM 应用前阶段

在 BIM 应用前的阶段，绝大多数工程状况是依赖于二维图纸来描述一个三维的现实。即使在这个阶段会制作一些 3D 视觉模型，这些 3D 模型也是依赖于二维文件和详图设计，是和工程数据脱节的。工程量、成本估算和构造放样一般仍然来自各类二维文档而不是 3D 模型。同样，未考虑工程参与方之间的协作，工作流程是线性的和异步的，整个建筑行业各方都受困于技术上的低投入和信息系统互操作性差的影响[1,2]。在这个阶段末，开始出现对能真实反映构件信息的三维模型的需求，以及能够基于这个三维模型进行工程应用的需求。

2　BIM 应用阶段 1：基于对象的建模

BIM 应用是通过运用"基于对象的三维参数化软件工具"开始的，这些软件有 ArchiCAD®，Revit®，Digital Project® 和 Tekla® 等。在这个阶段是设计、建造或运营维护的单专业模式，相应的 BIM 建模包括建筑设计模型［D］、建筑施工模型［C］和建筑运营维护模型［O］，主要用于二维文件和三维视图的自动生成和相互协调，本部分的探讨也将从建筑信息模型的信息交流互动展开。

建筑信息模型由"智能对象"（Smart Objects）信息组成[3]，它们包括了物理信息如门、柱或者窗户信息[4]，以及其内部封装的各种数据库（图 2）。此时的建筑智能对象与传统的 CAD 实体有质的区别，后者只有少量或没有元数据，前者却有每一个构件的真实数据信息。BIM 内部的信息丰富程度以及其各 BIM 模型之间的信息交互程度，是 BIM 成熟度的关键变量。各 BIM 模型之间的信息交互程度反映了 BIM 各个角色之间信息传输方

法上的变化，或者说其信息合作和协同的程度。BIM 数据流有多种形式，存在多种在计算机系统之间传输的数据，包括结构化或可计算的数据（如数据库），以及半结构化的数据（如表格），或非结构化或不可计算的数据（如图像）[5]。这个传输可以是基于文件的，也可以是通过服务器与客户机之间的数据传递[6]。如此，BIM 数据流不仅包括发送或接收语义丰富的对象（即 BIM 模型的主要模块），也包括发送和接收基于文本的信息[7]。

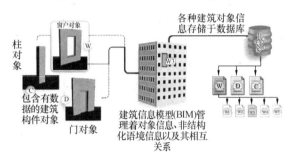

图 2　BIM 内部数据流

在 BIM 应用阶段 1 中，BIM 的数据信息及 BIM 模型的创建遵循着循序渐进的过程，模型的详细程度是在不断发展的。美国建筑师学会（American Institute of Architects，AIA）使用模型详细等级（Level of Detail，LOD）来定义 BIM 模型中的建筑元素的精度，BIM 元素的详细等级可以随着项目的发展从概念性近似的低级到建成后精确的高级不断发展。详细等级共分 5 级：

100：概念性（Conceptual）；

200：近似几何（Approximate geometry）；

300：精确几何（Precise geometry）；

400：加工制造（Fabrication）；

500：建成竣工（As-built）。

在此基础上，进一步确定不同详细等级 BIM 模型的使用范围见表 1。

表 2 是模型详细等级应用的一个简单例子。

在 BIM 应用阶段 1 中，不同组织之间没有重大的基于模型的交换，项目利益相关者之间的数据交流是单向的，沟通仍然是异步的和不连贯的。最主要的体现是：只是在单阶段（设计阶段、施工阶段、运营维护阶段）甚至只是在单专业中应用 BIM

BIM 模型详细等级　　　　表 1

细节层次	100	200	300	400	500
设计和协调（功能/形状/表现）	非几何数据或线、面积、体积区域等	3D 显示的通用元素	特定元素，确定的 3D 对象几何元素；包括尺寸、容量、链接	加工制造图；用于采购、生产、安装；要求精确	竣工实际
4D 施工计划	主要针对整个项目的施工周期，以及主要元素的分期规划	主要活动的时间顺序	详细分部分项的时间顺序	包含施工方法（吊车、支撑等）的加工和安装细节	
成本预算	概念成本例如每单位楼面面积的造价、每个医院床位的造价、每个停车位的造价等	基于通用元素测量的预算成本、例如通用内墙	基于特定分项测量的预算成本，例如特定的墙体类型	特定分项确定的采购价格	记录成本
可持续	LEED 战略	属于 LEED 分类材料的近似数量	具有可循环使用/本地采购材料百分比的精确材料数量	选择指定生产商	采购文档
环境：照明、能源使用、空气流动分析/模拟	基于体积和面积的战略及性能准则	基于几何和假定系统类型的概念设计	基于建筑部品和工程系统的近似模拟	基于指定生产商详细系统部件的精确模拟	试运行和测量性能记录

资料来源：美国建筑师学会。

BIM 模型详细等级应用示例　　　　表 2

细节层次	100	200	300	400	500
内墙	没建模，成本或其他信息可以按单位楼面面积的某个数值计入	创建一块通用的内墙，给一个一般的厚度，其他诸如成本、隔声等级、热传导等特性可以设定一个取值的范围	模型包括指定的墙体类型和精确厚度，其他诸如成本、隔声等级、热传导等特性已经确定	如果需要可建立加工的详细信息	建立实际安装的墙体模型
电缆管道	没建模，成本或其他信息可以按单位楼面面积的某个数值计入	创建一个具有大概尺寸的 3D 管道	具有精确工程尺寸的管道模型	具有精确工程尺寸和加工细节的管道模型	实际安装的管道模型

技术，各阶段或各专业之间的 BIM 信息不与其他阶段发生关系，各阶段仍然是相互独立的（图 3）。

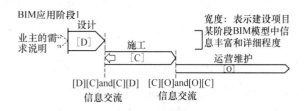

图 3　BIM 应用阶段 1 的项目阶段变动图

本文认为，在 BIM 阶段 1 趋于成熟后，BIM 人员将会认识到各阶段的 BIM 信息应该互相融合，认识到由设计和施工人员共同进行建模的好处。这种认识上的变化以及随后采取的行动将导致另一个革命性的变化：基于模型的协作。

3　BIM 应用阶段 2：基于模型的协作

在建立 BIM 应用阶段 1 的单阶段或单专业的建筑信息模型后，BIM 应用阶段 2 的建模人员将积极与其他阶段的人员协作。不论他们用的什么 BIM 建模软件工具，都可以和用其他软件工具制作的 BIM

模型进行交流。不同的模型之间可以进行顺畅的协作，例如通过专有格式（例如，Revit®建筑模型和Revit®结构模型之间通过 RVT 文件格式）和非专有的格式（例如，ArchiCAD®和 Tekla®之间使用 IFC文件格式）的模型交流和可互操作交流。

基于模型的协作可以发生在一个项目寿命期阶段内部或两个阶段之间。例如，包括建筑和结构模型的设计阶段内部（Design-Design，DD）信息交换，结构和配筋模型的设计－施工（Design-Construction，DC）信息交换，建筑和设施维护模型的设计－运营维护（Design-Operations，DO）信息交换。值得注意的是，协作的底层几何信息是单一的，这有助于两个专业之间的语义交换。例如，在一个3D 对象模型（如 Digital Project®）基础上的进度数据库（如 Primavera®或 MS project®），或成本估算数据库（如 Rawlinsons 或 Timberline®）之间的［DC］数据交换。这种交换使四维（时间分析）和五维（成本估算）分析得以进行。

阶段 2 的成熟度也改变了建设工程寿命期各阶段建模的详细程度，主要表现为 BIM 施工模型的创建时间前移，与设计阶段有一定的重合，这加快了项目实施的进度和项目阶段间的沟通（图 4）。图中也可看出设计阶段 BIM 模型的信息丰富度减小、施工阶段的信息丰富度增大，设计施工阶段由原先的［D］、［C］单向交流变成［DC］互交。

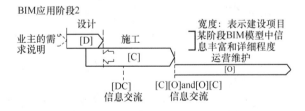

图 4　BIM 应用阶段 2 的项目阶段变动图

应用阶段 2 中阶段间的重叠主要是由施工者和设计者驱动，前者提前切入设计工作，后者日益在他们的设计模型中越来越多地添加施工和采购信息。

4　BIM 应用阶段 3：基于网络的集成

在 BIM 应用阶段 3，带有丰富信息的综合性

模型被创建、共享和维护，且以贯穿项目寿命期不同阶段的协作来完成。这种集成可以通过模型服务器技术（使用专有的、开放的或非专有格式）、集成或分布式数据库[5,8]或相应软件作为服务解决方案（Software as a Service，SaaS）[6]。

阶段 3 的 BIM 模型成为跨专业的 nD 模型[7]，允许在设计和施工阶段初期进行复杂分析。在这个阶段，建筑信息模型成果不仅反映建筑实体本身的属性，还包括商业智能、精益建造、节能减排和全寿命周期成本核算。这一阶段，协作工作显示出围绕着内涵更加丰富的，基础更加统一的数据模型进行螺旋上升的势态[9]。

从流程视角来看，建筑信息模型和建筑文档的同步交换使得项目寿命期广泛重叠，显得项目寿命期的阶段有所减少（图 5）。

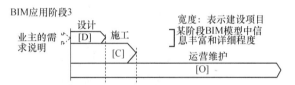

图 5　BIM 应用阶段 3 的项目阶段变动图

图 5 显示了基于网络的集成是如何导致"并行建设"。"并行建设"是指所有项目活动被整合，设计、施工和运营维护的目标价值达到最大化，同时优化建设工程的可施工性、可运营性和安全性。

BIM 阶段 3 的实施使得参与方的合同关系、风险分配模式和建设程序的重新构建显得十分必要。所有这些变化的先决条件是成熟的网络和软件技术，这些技术应能实现共享的跨专业的模型，同时允许项目利益相关者双向访问信息模型。所有这些技术、过程和政策的成熟，将最终促进 BIM 进入 BIM 未来阶段，即一体化项目交付（IPD）。

5　一体化项目交付

一体化项目交付（Integrated Project Delivery，IPD），由美国建筑师学会加利福尼亚分会（American Institute of Architects California Council）推行的一个术语，相对而言，适合于表示作为技术、流程和政策的融合的 BIM 应用的远期愿景，

可以简单理解为设计、采购、施工、运维一体化管理。一体化项目相关内容如下：

（1）一体化项目交付（IPD）是一个项目建设模式，它整合人员、系统、组织和实践到一个过程，这个过程充分利用了所有参与者的才能，以优化项目的结果，增加项目价值，减少项目浪费，并最大限度地提高设计、制造和施工等所有阶段的效率。一体化项目与传统方式的最大区别是业主、主要设计师和主要施工方之间的高效协作，这种协作从早期的设计持续到项目移交。

（2）综合设计解决方案（The Integrated Design Solutions）以加强合作、协调、沟通、决策支持，增加横向、纵向和时间维的数据和信息管理一体化，以提高在整个建筑寿命期中整个利益相关的附加价值。[1]

（3）nD 模型是包含一个建筑各个寿命期阶段所需的所有设计信息的建筑信息模型的扩展[2]，包含了传统意义上的三维模型以及进度维、成本维、数量（工程量）维等多种维度。nD 建模"是一种新方法，整合现有和非现有建模方法形成一个新的方法，以从一个预测的角度来处理一个项目的不同层面。"

（4）美国 FIATECH 联盟提出的远景是"完全集成和高度自动化的项目流程，这些流程包含了贯穿所有阶段和项目的功能以及设施寿命期的非常前沿的技术"。

6 各 BIM 应用阶段的跃迁步骤

在本文的 BIM 整体发展框架中，把建设工程 BIM 应用划分成一系列阶段，每个阶段又进一步被细分成多个步骤。区分"阶段"和"步骤"的方法是，"阶段"是转换的或激进的变化，是一个时点的状态，类似于里程碑；而"步骤"则是渐进，是阶段中间的过程[2,3]。不论是在组织层面还是在产业层面，相邻阶段间变化的数量和复杂性都是变革性的，但是阶段之间的步骤是渐进的。图 6 展示了从 BIM 应用前的阶段到 BIM 应用阶段 1，以致最终到 IPD 阶段的过程中的步骤。每一个步骤是达到一个阶段或阶段成熟水平的先决条件。

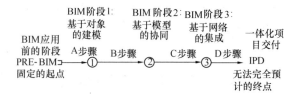

图 6　BIM 应用阶段跃迁步骤图

步骤 A：从 BIM 应用前的阶段到 BIM 阶段 1。

步骤 B：从 BIM 阶段 1 成熟到 BIM 阶段 2。

步骤 C：从 BIM 阶段 2 成熟到 BIM 阶段 3。

步骤 D：是阶段 3 中的成熟度水平，至一体化项目交付（IPD）。

BIM 步骤向前推进动力来自技术、过程（即组织）和政策三个方面（图 7），这三个方面的内容包括：

● 技术方面：软件、硬件和网络设施方面的技术步骤。例如，BIM 软件工具能支持从基于绘图的工作流迁移到基于对象的工作流（BIM 阶段 1）。

● 过程（即组织）方面：领导、基础设施、人力资源和产品服务方面的过程（即组织）步骤。例如，协作流程和数据库共享以支持基于模型的协作（BIM 阶段 2）。

● 政策方面：合同、规章和培训方面的政策步骤。例如，以联盟为基础、风险共担的合同协议是信息集成的先决条件。

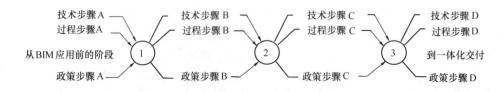

图 7　BIM 应用阶段跃迁的步骤类型分解

BIM 步骤是相邻两个 BIM 阶段的中间过程，是实现下一阶段的先决条件，它反映了 BIM 应用的成熟度水平。通过对 BIM 步骤实现的三个方面进行分解，按照各阶段进行量化，可以建立一个步骤矩阵（图8）。通过步骤矩阵，能够对一个 BIM 的实施进行评估，以评估 BIM 的应用成熟度。可以将已完成的和未完成的内容放入矩阵中，以找出 BIM 应用的"短板"和优势。

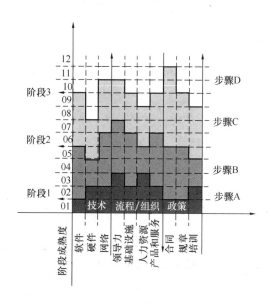

图 8　BIM 应用成熟度评价矩阵

7　总结

BIM 是建筑业发展的趋势，从项目全寿命期各阶段间（设计阶段、施工阶段等）的互不相通，到各阶段的融合（一体化交付）是必然的发展趋势。本文对 BIM 应用路径进行研究，力争整理出一条 BIM 发展的脉络，指明 BIM 的发展方向。

参考文献

[1] M. E. ILAL. The quest for integrated design system：a brief survey of past and current efforts[J]. Middle East Technical University Journal of the Faculty of Architecture（METU JFA），2007，24（2）：10.

[2] A. Lee，S. Wu，G. Aouad，R. Cooper，J. Tah. nD Modelling Roadmap：A Vision for nD Enabled Construction[D]. University of Salford，Salford，2005.

[3] T. Froese，K. R. Molenaar，P. S. Chinowsky（Eds.），Future directions for modelbased interoperability[J]. Construction Research，2003(120)：101.

[4] T. Froese. Future directions for IFC-based interoperability[J]. ITCON 8（Special Issue IFC — Product models for the AEC arena），2003：231 - 246.

[5] J. Liaserin，Building Information Modeling — The Great Debate. Last accessed 2008：http：//www. laiserin. com/features/bim/index. php. 2003.

[6] P. Wilkinson. SaaS-based BIM. Last accessed July 2008：http：//www. extranetevolution. com/extranet _ evolution/2008/04/saas-based-bim. html. 2008.

[7] A. Lee，S. Wu，A. J. Marshall－Ponting，G. Aouad，R. Cooper，I. Koh，C. Fu，M. Betts，M. Kagioglou，M. Fischer. Developing a Vision of nD-Enabled Construction[D]. University of Salford. Salford，2003.

[8] Bentley. Does the Building Industry Really Need to Start Over-A Response from Bentley to Autodesk's BIM-Revit Proposal for the Future. http：//www. laiserin. com/features/bim/bentley-bim-whitepaper. pdf. 2003.

[9] A. Edgar. NBIMS — Overview of Building Information Models presentation. ［EB］. http：//www. facilityinformationcouncil. org/bim/docs/BIM _ Slide _ Show. ppt. 2007.

基于 BIM 的石化装置预制检修研究与应用

雍瑞生

（中国石油广西石化公司，钦州 535008）

【摘　要】 在线检修是石化行业普遍采用的装置检修策略。然而，由于生产装置的不稳定状态、复杂的作业环境以及人的可靠性失效等原因，在线检修过程中安全事故频发。基于预制作业的安全优势，本文提出了石化装置预制检修实施模式，在可控的作业环境下，通过最大限度减少现场操作及持续时间，减少现场作业人员，减少作业人员暴露在危险中的时间，改善石化装置检修的安全性。随后，对预制检修实施的信息需求进行了系统分析，提出了基于 BIM 的石化装置预制检修实施模式，充分利用 BIM 系统的可视化、信息/知识管理、定位功能。最后，以某石化公司油品装车装置的检修为例，对本文提出的基于 BIM 的预制检修实施效果进行了验证。研究结果表明，基于 BIM 的石化装置预制检修可以有效降低风险，提升检修效率。

【关键词】 石化装置；在线检修；预制检修；BIM；安全风险

Research and Application of BIM-based Precast Maintenance Mode for Petrochemical Equipment

Yong Ruisheng

（PetroChina Guangxi Petrochemical Company，Qinzhou 535008）

【Abstract】 On-site maintenance is taken as the universal equipment maintenance schema in petrochemical industry. However, accidents happen frequently during this process, due to the unstable equipment status, complicated working environment and human reliability failure. Based on the advantages of precast operation, a mode of precast maintenance was proposed to improve the maintenance safety performance through the controlled working environment, along with the minimization of on-site operation and duration, less congestion and reduction of exposing time to hazards. Then the information requirements for this mode were systematically analyzed. A BIM system supporting for this proposed precast maintenance was developed afterwards, making full use of the functions of visualization, information/knowledge management and localization. Finally, a case study was provided which successfully utilized the BIM-based precast maintenance mode in an oil-loading facility of a petrochemical company. The application results indicated that the implementation of this BIM－based precast maintenance can significantly reduce operating risks and improve maintenance efficiency.

【Key Words】 petrochemical equipment；on-site maintenance；precast maintenance；BIM；safety risk

1 引言

石油化工生产装置检修与其他行业的检修相比，具有复杂、危险性大的特点：（1）石化装置处理的工艺介质大多具有易燃、易爆、有毒、腐蚀等特性，工艺流程复杂，生产条件苛刻，检修作业中存在燃烧、爆炸、灼烫和中毒窒息等危险；（2）石化装置具有规模大型化、生产连续化和自动化的特点，每次检修都是在时间紧、任务重、危险性大的情况下进行，一旦发生事故，除了造成人员伤亡和财产损失外，还将严重污染环境[1]；（3）石化装置检修往往参加人员多，在紧邻分布的装置之间的狭小空间中作业，增大了事故发生的可能性及潜在后果。石化行业发生的事故很大程度上来源于装置检修。据统计，中国石化集团公司发生的重大事故中，装置检修过程中发生的事故占了42.6％[2]；这一状况与希腊石化行业的事故调查结论大体一致，即装置检修过程中发生的事故占所有事故总数的15％，位居第二重要的事故发生阶段，仅次于常规运营阶段[3]。因此，提升装置检修安全，避免或减少检修安全事故，已成为石化行业装置检修管理亟待解决的一个关键问题。

1.1 石化装置检修管理现状

装置在使用过程中，由于缺陷、损伤和磨损，不可避免地会使一些零部件劣化，进而发生故障乃至损坏，从而直接影响到装置的性能、精度、效率以及经济性，严重者甚至不能运行，因此必须对装置进行适时、适度的检查、维护和修理，简称检修。简言之，装置检修是指为保持与恢复装置完成规定功能的能力而采取的技术活动。通常从广义上将检修划分为两大类：纠正性检修（corrective maintenance，CM）和预防性检修（preventive ma-

intenance，PM）。纠正性检修又名为事后检修或故障检修，是装置在发生故障或性能下降到合格水平以下时所采取的非计划性检修方式。纠正性检修通过对故障装置部件进行检修或者更换等使装置重新满足性能要求。预防性检修是为了防止装置性能、精度劣化或为了降低故障率，按事先规定的修理计划和技术要求，在装置尚处于运营状态时进行的检修活动。在预防性检修技术的基础上，相继出现了一系列检修方法，如：定期检修（Time-Based Maintenance，TBM），状态检修（Condition-Based Maintenance，CBM）以及基于风险的检修（Risk-Based Maintenance，RBM）[4~6]：

（1）定期检修是根据平均故障间隔时间，确定预防性检修周期，按照固定的修理周期来安排装置的检修，减少因装置损坏而导致的故障。定期检修通过对关键装置部件进行及时更换和检修，防止其发生功能性故障。

（2）状态检修是根据装置的日常监测、定期检查、状态监测和诊断提供的信息，经统计分析处理，来判断装置的劣化程度，并在故障发生之前有计划地进行适当的检修。监测数据能够告知装置管理人员装置状况是否正常，有助于检修人员在故障发生前开展必要的检修工作。但是，状态检修以及早期的检修方式，把检修工作与安全视作独立的活动，忽略了检修工作实施过程中的安全管理。

（3）基于风险的检修将检修与安全集成到一起，旨在降低装置的意外故障或失效的风险。为了防止装置故障或失效，对高风险装置部件进行识别，并对其开展更高频率的检查与维护。

现有的关于装置检修的研究，多数是研究如何以最低的实施成本选择最优的检修策略以改善装置的运行状态。当所有这些检修策略都聚焦于检修成本（将其视作目标或约束进行控制），Waeyenbergh 等[7]指出检修管理理念的贯彻实施应同时对其他要素予以关注，比如工作场所安全性能的改善。Martorell 等[8]提出了综合考虑可靠度、可用度、可检修性和安全性的多目标检修优化决策方法。Wang 等[9]开发了装置检修与安全集成管理系统，实时准确地捕捉装置风险状态以对检修计划进行优化。尽管现有的检修策略已经将安全纳入考虑范畴，但仅仅只是旨在通过及时的装置检修来控制装置故障或损坏，关注的是如何避免装置发生故障，从而减少因装置故障带来的安全事故损失。但首先，无论采用哪种检修策略（纠正性检修或预防性检修），都不可避免地要实施检修工作，包括对故障装置进行维修或者对装置部件进行定期更换。其次，对于某些复杂装置，通过预防性检修，不论其检修期缩到多短、检修深度增到多大，其故障率仍然不能得到有效控制，复杂装置的偶发故障是不可避免的[10]。此外，目前我国石油化工企业装置管理基本采用传统检修管理模式，故障检修（约占

50％）和定期检修（约占 35％）等管理模式仍占主导地位，润滑、清洗、拆检、更换等检修工作仍为主要的维护管理方式[11]。不幸的是，现有的检修管理没有考虑上述这些检修工作过程中的安全，而如前文所述，这一检修过程恰恰是各种事故高发时期。

1.2 在线检修存在的安全挑战

由于现有的检修管理模式通常是在石化生产现场开展上述装置检修工作，在检修时间内，对在线装置进行就地解体、就地检修，因此，本文将这一类检修策略视为在线检修。典型的装置在线检修流程如图 1 所示，矩形框所示为主要检修参与人员，箭线所示为所需开展的各类活动及流程。许多措施已被应用于改善在线检修活动的安全，包括：（1）许多国家和地区已经制定了诸多安全健康相关的法律法规，如在过去的十多年间，我国颁布了约 300多个化工安全管理条例以及 600 多条国家安全标准；

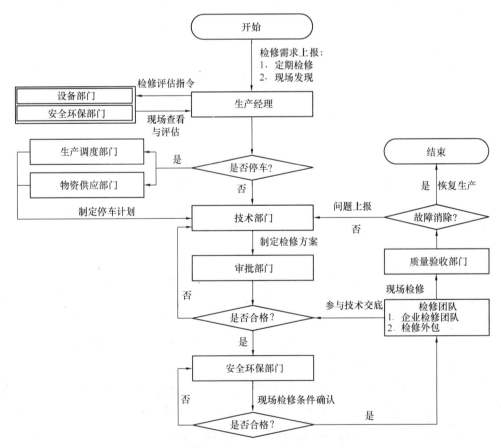

图 1　典型的在线检修流程

（2）危险与可操作性分析（HAZOP）、事故树分析（FTA）、保护层分析（LOPA）等安全评估技术已被广泛应用于潜在危险介质与作业条件的识别与控制；（3）组织管理方法、安全规划、行为安全观察与沟通管理规定已被应用于增强员工安全意识，减少冲突与事故。然而，尽管这些安全管理办法已经实施了很多年，一些危险与失控事件也得到了识别与预防，但检修过程中仍然有大量安全事故发生[12]。

当今的石化行业，安全事故的发生似乎都是人因失误与日益复杂的装置、环境组合产生的结果。在线检修过程中，面临的安全挑战主要来自以下几个方面[13]：

（1）装置的不安全状态。石化装置设施复杂多样，工艺介质危险性高，检修过程中可能面临各种易燃、易爆、有毒、有害物质，高温高压下的生产活动导致了石化装置固有的不安全性。石化装置固有的脆弱性，加之在线检修过程中经常出现动火作业、临时用电作业等危险作业，增大了事故发生的可能性。

（2）复杂的作业环境。现场作业环境不确定因素多：①检修区域内外空气中飘散着易燃易爆介质，增大了火灾和爆炸的风险；②狭窄的作业区域中从事立体交叉作业、高处作业、起重吊装作业等高危作业，容易遭受机械伤害、高处坠落、物体打击等事故；③恶劣的气候条件增大了检修工作的危险性。

（3）人的可靠性失效。石化装置在线检修往往检修内容多、工期紧、工种多，参加检修的外来人员对装置、安全规程、现场环境又不一定熟悉。在这种情况下，检修人员可能表现出因不稳定心理（主要包括紧张、恐惧、注意力不集中等）、生理疲劳、安全意识以及安全作业技能不足等方面的原因导致可靠性下降，从而产生失误。

石化装置在线检修过程中，人的因素、装置的不稳定性以及作业环境的复杂性之间的交互式影响对于事故预防控制是个很大的挑战。现有的事故分析方法即便能够找出多种事故致因因素，但通常找到的只是事故的直接原因，对于上述提到的三类危险因素之间的复杂关系却难以明确。正因为如此，现场长时间的作业以及大量高危作业的实施导致了事故频发。因此，我们应该跳出对这些因素之间复杂关系的纠缠，寻求从根本上避免事故的方法。石化装置检修应该经历作业范式的变革，而不是依然采用传统的在线检修模式。一种新的检修策略的提出，以便能够优化检修人员表现以及最大限度减少操作失误，摆脱装置的不稳定状态及复杂作业环境的不良影响，已经成为当代石化装置检修管理的需要。

2 预制检修模式的提出

2.1 预制作业在其他行业的应用

预制作业的优势已经得到众多学者和实践人员的肯定。Moghadam 等[14]指出工厂化预制施工工艺可以提高施工速度，提升质量和安全水平。Ikuma 等[15]认为，相对于在线施工，预制作业模式由于其可控的作业环境和标准化过程使其在安全方面具有潜在优势。在著名的 Bollard 建筑施工过程中，Maas 和 Eekelen[16]发现预制作业几乎不受天气的影响，而在传统的在线施工过程中，天气条件对施工影响很大。在对五个采用预制施工方法的建筑项目进行详细调查后，Jaillon 和 Poon[17]宣称预制作业促成了现场更清洁、更安全的作业环境，同时由于在现场只需完成少部分工作，减少了项目后期施工时间。Gibb 和 Isack[18]指出，通过最大限度减少现场操作、持续时间以及现场拥堵，预制作业在保证预期质量的同时也改善了健康与安全。Rodriguez[19]认为，当从事大量施工作业而可能使人员长期暴露在危险环境中时，将作业人员从直接作业区域转移出去可以改善健康和安全。相比传统的在线作业模式，预制作业模式的优势如表 1 所示。

传统在线作业模式与预制作业模式对比分析 表 1

对比项目	传统在线作业模式	预制作业模式	效果说明
工作环境	现场，野外作业	场外，工厂或车间作业	作业环境得到改善

续表

对比项目	传统在线 作业模式	预制作业模式	效果说明
外界因素对工作的影响	受天气、外协关系影响大	受天气、外协关系影响小	有利于均衡组织生产
安全风险	高危作业多，安全风险大	高危作业少，安全风险小	降低了安全风险
现场作业时间	长	短	减少了人员暴露在危险环境的时间
生产组织方式	多点作业、作业面多	流水化作业	提升了作业效率
管理方式	粗放式管理	集约化管理	更易于管理

2.2 石化装置预制检修实施模式

预制作业改善了工人的作业环境，降低了工人的劳动强度，减少了高危作业，缩小了作业范围，降低了作业的安全风险，保障了工人的安全。石化装置检修的安全风险控制同样可以实现在线作业模式到预制作业模式的转变。因此，本文试图在石化行业提出应用预制检修模式。为了实现这一目标，首先对石化装置预制检修的实施流程进行了设计，如图 2 所示。

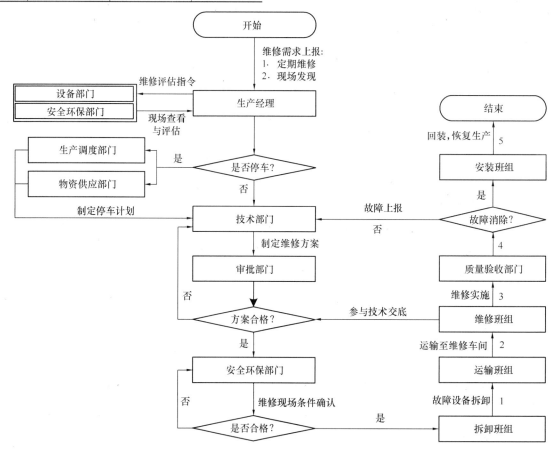

图 2 石化装置预制检修实施流程

石化装置预制检修是指基于现场观测到的初始故障信号或按计划定期对装置进行检修，将出现故障或需要检修的装置部件整体拆卸下来，运送到检修车间，经过拆洗，更换易损件、破损件，再把通过各种试验检测后达到技术标准的整体更换件再安装到生产线的全过程。预制检修的核心是最大限度地在检修车间实施预制作业，对能在安全区域进行的配管和安装作业，尽量在安全区域进行焊接和安装，减少装置现场作业中可燃介质泄漏等高危区域的风险。因此，预制检修意味着越来越多地将传统的在线检修工作转移到远离装置现场高危区域的检修车间进行，减少现场作业持续时间及现场立体交叉作业、高处作业、受限空间作业、动火作业等高危作业。

在石化装置预制检修过程中，大部分检修作业在安全可控的检修车间进行。检修车间配备各种检修所需装置，使检修作业可以按预定的操作顺序进行，有效地解决了在线检修机械工具、作业及存放高危环境的问题。此外，预制检修对检修人员素质要求较低，需要的人员数量少；作业环境的改善以及在生产现场所需完成的作业的最大化减少，减轻了工人劳动强度和工作压力，有利于保证检修安全。因此，在可控的环境下，通过：（1）最大限度减少现场操作及持续时间；（2）减少现场人员拥堵；（3）减少检修人员暴露在危险中的时间，我们希望石化装置预制检修能够比传统的在线检修更加安全。

3 基于BIM的预制检修实施设计

3.1 预制检修信息需求分析

预制检修模式的提出旨在降低石化装置检修过程中的安全风险，提升检修安全性，保护员工、公众与环境。为了成功实施这一检修策略，应对其实施需求进行明确的识别。检修过程中缺乏充分的信息支持将影响预制检修模式的实施应用效果。这是因为，检修是由一系列的作业活动组成，作业期间难以同时获得操作规程及信息系统的支持以改善作业过程[20]。装置、作业流程信息以及历史记录的缺失被认为是制约检修作业实施的主要因素[21]。此外，由于信息分散在不同的相关参与方（如：设计方、施工方、检修管理方），信息交流不畅增大了检修人员作业难度。从实践角度而言，预制检修涉及在检修全过程的信息采集、再利用以及信息共享。

信息需求和期望在预制检修实施流程（如图2）的重要性，要求对信息采集、再利用以及信息共享的时机与机制进行识别。第一个时机存在于"过程1"，在原有的设计安装文件、上游控制设备信息以及其他相关操作规程等信息的指导下，拆卸班组将待检修装置拆卸成设备组件（如阀、管）；第二个时机存在于"过程3"，检修班组在检修车间开展检修作业，检修人员需要诸如设备台账、日常检修记录、故障和事故知识以及检修流程等信息来形成其对检修对象的全面认识，以支持其有效地开展检修作业决策；第三个时机存在于"过程4"，质量验收部门依据验收规范、要求进行质量验收；第四个时机存在于"过程5"，安装班组进行回装作业，需要信息支持对不同的设备组件进行定位以确保回装能够与原有的装置结构相一致。预制检修实施的信息需求如图3所示。

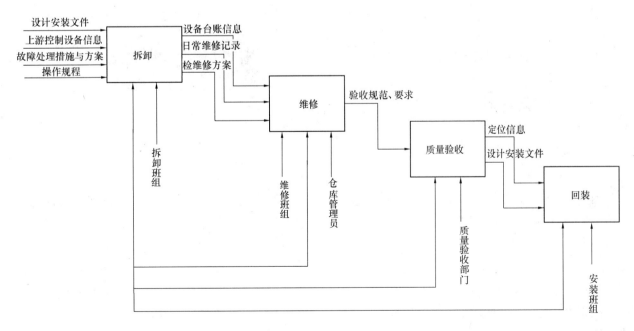

图3 预制检修实施的信息需求

具体而言，支撑预制检修顺利而有效地实施所需的信息及其具体的应用如下所述：

（1）需求 1（R1）：快速获取信息识别检修需求，并对设备故障进行紧急处理。快捷检索石化装置设计安装文件以指导待检修装置拆卸。

（2）需求 2（R2）：全面的信息帮助检修人员对检修设备组件形成全面的认识，弥补在检修车间因缺少现场感知而难以形成有效认识的不足。快速检索和获取各个分散的设备组件相关的属性信息和检修信息。

（3）需求 3（R3）：快速获取信息辅助质量验收。

（4）需求 4（R4）：获取信息以定位各个分散的设备组件以及促进回装作业顺序的有效安排。

3.2　基于 BIM 的预制检修实施模式

检修的成功实施要求能快速地获取有关检修对象的高质量的信息。然而，目前这些信息都是分散于不同的学科专业之间的，数据信息在这些组织系统间不断地传递，由于设备管理系统之间信息共享的标准不一致，降低了信息的准确度。分散的存储结构以及不相通的数据格式阻碍了信息交流，且不能用于统一而一致的检索和更新。在现有的运营维护策略中，大多都不能将这些分散在各个应用中的信息集成到一起。尤其是对于预制检修而言，要满足上述需求（R1～R4）以使检修人员能够高效地开展检修作业，不仅需要一个包含全部建造和运营信息的数字实体，也需要一个与空间实体设备相关联的可视化信息展示。BIM 以参数化三维模型为信息载体，提供一个完整和丰富的信息数据库，方便调阅相关各类文档资料，避免信息流失和信息传递失误，实现运维的可视化信息管理。基于 BIM 的石化装置预制检修应用如图 4 所示。

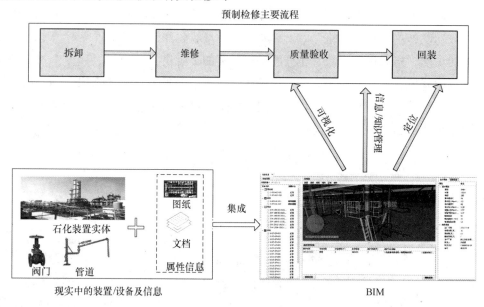

图 4　基于 BIM 的石化装置预制检修模型

因此，本研究将开发一个集成的 BIM 系统以支持石化装置预制检修的有效实施。图 5 阐明了 BIM 系统具体应用于石化装置预制检修的概念框架。这一 BIM 系统主要通过可视化、信息/知识管理以及定位等功能支持预制检修作业的实施。BIM 将石化装置全寿命周期的数据存储到系统中，并强化了信息在各参与方之间的传递。通过这一信息系统，检修人员能够轻松地检索和获取检修作业信息。借助 BIM 强大的可视化功能，通过石化装置设施的可视化 3D 模型漫游查看，检修人员可以对分散的设备组件形成全面的理解。此外，检修人员实施预制检修通常需要对设备组件进行定位并获取其相关信息以便对其检测和检修，而对于检修人员而言，这却是重复率高、耗时耗力的任务[22]。

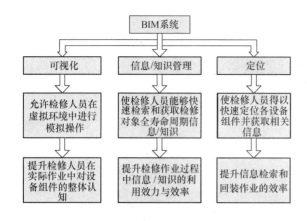

图 5　BIM 系统应用概念框架

BIM 系统可以实现对设备组件的定位以及相关数据信息的传递与展示。BIM 系统的主要功能及其详细描述如表 2 所示。

BIM 系统的功能及描述　　　　表 2

功 能	描 述
可视化	• 提供一个与实体对象一致的虚拟设施环境； • 信息与设备组件相关联，促进信息的理解与应用； • 促进拆卸和回装顺序的识别与制定
信息/知识管理	• 促进信息/知识在各参与方之间的交流； • 提供检修所需的完整信息/知识； • 快速检索和获取信息/知识
定位	• 快速定位各分散的设备组件并获取其相关信息； • 通过空间坐标定位信息促进回装作业的实施

4　实证分析

以某石化公司一个油品装车装置的检修为例来检验基于 BIM 的预制检修模式的实施效果。由于公司每年需要开展大量的检修作业，而采用的检修模式通常是传统的在线检修，检修过程中伤害事故/事件经常发生，造成公司巨大经济损失和人员伤害，也对环境造成了污染。某石化公司正在大力推行安全改进活动，在装置检修管理方面推行基于 BIM 的预制检修模式，以提升检修安全性与检修效率。

4.1　基于 BIM 的预制检修实施应用

待检修的设备通过检修预警进行识别（定期检修或源于现场发现检修），在本案例中，两个鹤管需要进行检修，如图 6 所示红色标记的设备。图 6 展示了数字设备管理的界面，包含设备分类管理、检修保养记录、3D 模型、基本属性和控制信息。检修人员依据先前的检修记录自动分派，在可视化检修控制信息的指导下关闭上游控制阀门并采取紧急控制措施，如图 7 所示。在对鹤管拆卸之前采取如图 8 所示的安全措施，同时，在赴现场执行拆卸前先进行可视化安全培训，包括拆卸模拟视频观看，如图 9 所示。

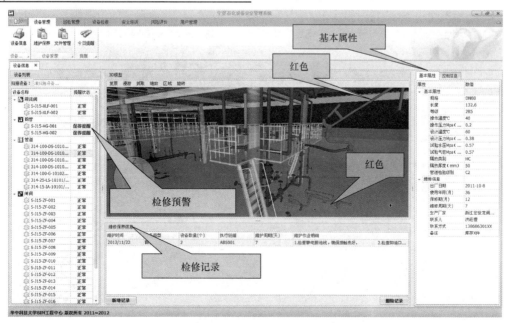

图 6　基于 BIM 的预制检修管理界面

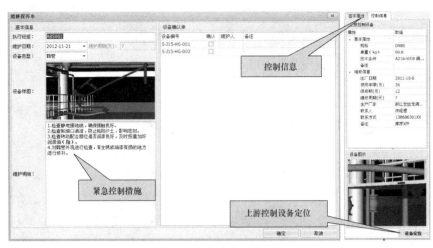

图 7　可视化检修控制信息

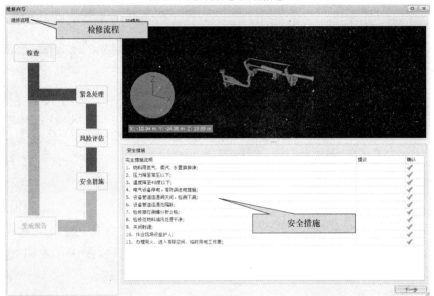

图 8　检修流程指导

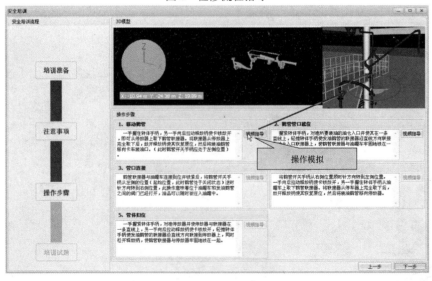

图 9　可视化安全培训与操作模拟

将待检修的两个鹤管拆卸下来，贴上对应的 RFID 标签。在检修车间进行检修时，检修人员通过 RFID 阅读器扫描鹤管上的标签，在 BIM 系统上就能快速识别这两个鹤管并获取与之相对应的信息（如图 6 所示）。借助于这些信息，检修人员快速地明确了作业条件（如：操作温度、操作压力、试验水压等）。此外，依据出厂日期、使用期限等检修信息，检修人员能够做出正确的决策以决定是对设备进行更换还是修复使用。

质量验收依据验收规范、要求在图 6 所示的属性信息操作条件下进行检验。消除故障之后，拆卸班组执行回装作业。鹤管上的 RFID 标签扫描帮助检修人员在 BIM 系统上查看拆卸前的 3D 模型，有助于其确定检修设备的原有位置，提升回装效率。

4.2 讨论

传统的油品装车装置检修采用在线检修方式，复杂高危的作业环境使鹤管在线检修十分危险。油品装车装置鹤管在线检修风险评价如表 3 所示。本案例中，将两个鹤管拆卸下来运送到检修车间开展预制检修，鹤管预制检修风险评价如表 4 所示。风险分类标准见表 5。

油品装车装置鹤管在线检修
风险评价（LEC 法） 表 3

风险因素	风险类型	影响确定及评价				风险等级
		L	E	C	LEC	
现场油气挥发	火灾	8	5	5	200	4
存在易燃易爆介质	火灾、爆炸	3	3	15	135	3
有毒介质未排干净	中毒	1	1	7	7	1
工器具摆放不当	砸伤、击伤	7	5	3	105	3
大量人员聚集，产生静电	化学灼伤、火灾	6	4	2	48	2

油品装车装置鹤管预制检修
风险评价（LEC 法） 表 4

风险因素	风险类型	影响确定及评价				风险等级
		L	E	C	LEC	
装卸车不当	砸伤、击伤	4	3	3	36	2
吊装过程不正确操作	起重伤害	3	4	5	60	2

LEC 法风险分类标准 表 5

LEC 值	风险等级	危险程度
＞320	5	极其危险，不能继续作业
160～320	4	高度危险，要立即整改
70～160	3	显著危险，需要整改
20～70	2	一般危险，需要注意
＜20	1	稍有危险，可以接受

从表 3～表 5 可以看出，采用预制检修模式很大程度上减轻了鹤管检修的风险，不仅减少了风险类型，也降低了风险水平。鹤管在线检修过程中主要面临五种风险，其中有三种风险处于显著危险和高度危险水平。鹤管预制检修则消除了这些风险因素，仅仅引入了两种一般危险水平的风险。分析结果表明预制检修可以大幅提升检修安全性，具体解释分析如下：

（1）采用在线检修，检修现场油气挥发不能完全隔离，而检修过程中又不可避免地会产生火花，因此，检修人员长时间暴露在这一危险环境下，容易遭受火灾事故伤害。而预制检修车间可以实现油气 100％隔离，检修作业过程中产生的火花将不会威胁到检修安全。

（2）在线检修现场密布的装置设施内外存在着易燃、易爆、有毒介质，使在线检修人员暴露于固有的危险环境中。而在预制检修车间，检修人员则避免了这些危险介质带来的风险。

（3）在线检修过程中，大量人员聚集在狭窄的检修现场，产生静电多，危害大；加之现场工器具摆放不当以及物料堆积，容易造成物体打击和化学灼伤伤害。预制检修需要的作业人员少，检修车间配备各种检修所需装置材料，有效地解决了在线检修机械工具、作业及存放高危环境的问题。

（4）预制检修引入了装卸车和吊装活动过程中的风险，但这些风险可以通过常规的安全管理措施进行有效的控制。

此外，预制检修过程中信息/知识的检索效率也得到了改善。第一，在检修之前，传统的文件准备需要花费 20～30 分钟。检修人员必须花费时间在现场对上游控制设备进行识别，但借助于 BIM 系统，设备识别以及紧急控制措施的获取可以自动实现。第二，在现有的纸质文件或信息系统中，对各检修对象的信息检索是项耗时的工作，但在本案例中，借助于 RFID 技术的使用仅需要几秒钟。第三，相比于传统的 CAD 图纸和其他纸质文档，3D 操作模拟促进了拆卸/回装作业规程的理解以及作业顺序的识别。

5 结语

为了解决石化装置传统在线检修模式中存在的安全挑战问题，本文提出了基于 BIM 的石化装置预制检修模式，通过最大限度地将检修作业转移到检修车间安全区域进行，弱化装置的不稳定状态、复杂的作业环境以及人的可靠性失效带来的不良影响。BIM 支持系统通过可视化、信息/知识管理及定位等功能为预制检修提供全面的信息/知识的即时访问。基于 BIM 的预制检修模式的实施效果通过一个油品装车装置的检修实践予以验证。本研究的结论如下：

（1）预制检修模式可以降低检修作业风险。本案例中，预制检修消除了在线检修面临的五种风险，其中包括三种处于显著和高度危险水平的风险。当多个检修作业在同一区域同时进行时，在线检修所面临的风险将成倍增加，这种情况下如果采用预制检修，则风险降低成效将更加显著。

（2）BIM 系统能够提升检修作业效率。可视化模块促进检修需求的识别，同时提供虚拟的设施环境帮助检修人员对检修对象形成全面认识；信息/知识管理模块提供检修所需的准确、全面的信息；定位模块使检修人员快速识别检修设备并获取与之相关联的信息/知识。

参考文献

[1] 张登科，叶义成. 石化设备检修作业中的不安全因素及应对措施[J]. 石油和化工设备，2010，4：57-59.

[2] 刘光山. 石油化工装置检修安全对策[J]. 安全、健康和环境，2003，8：6-7.

[3] Konstandinidou M., Nivolianitou Z., Markatos N., et al. Statistical analysis of incidents reported in the Greek Petrochemical Industry for the period 1997—2003[J]. Journal of Hazardous Materials，2006，135 (1-3)：1-9.

[4] Wang L., Chu J., Wu J. Selection of optimum maintenance strategies based on a fuzzy analytic hierarchy process[J]. International Journal of Production Economics，2007，107(1)：151-163.

[5] Tan Z. Y., Li J. F., Wu Z. Z., et al. An evaluation of maintenance strategy using risk based inspection[J]. Safety Science，2011，49(6)：852-860.

[6] Tian Z. G., Liao H. T. Condition based maintenance optimization for multi-component systems using proportional hazards model[J]. Reliability Engineering & System Safety，2011，96(5)：581-589.

[7] Waeyenbergh G., Pintelon L. CIBOCOF：A framework for industrial maintenance concept development [J]. International Journal of Production Economics，2009，121(2)：633-640.

[8] Martorell S., Villanueva J. F., Carlos S., et al. RAMS+C informed decision-making with application to multi-objective optimization of technical specifications and maintenance using genetic algorithms[J]. Reliability Engineering & System Safety，2005，87 (1)：65-75.

[9] Wang Q. F., Liu W. B., Zhong X., et al. Development and application of equipment maintenance and safety integrity management system[J]. Journal of Loss Prevention in the Process Industries，2011，24 (4)：321-332.

[10] 戴旭东，赵三星，谢友柏等. 以可靠性为中心的机械设备针对性维修策略研究[J]. 机械科学与技术，2002，1：89-91.

[11] 丛广佩. 石化设备基于风险和状态的检验与维修智能决策研究[D]. 大连理工大学，2013.

[12] Zhao J. S., Joas R., Abel J., et al. Process safety challenges for SMEs in China[J]. Journal of Loss Prevention in the Process Industries，2013，26(5SI)：880-886.

[13] 张聪麟. 石化装置检维修作业 HSE 管理[J]. 安全、健康和环境，2012，1：54-56.

[14] Moghadam M., Al-Hussein M., Al-Jibouri S., et al. Post simulation visualization model for effective scheduling of modular building construction[J]. Ca-

nadian Journal of Civil Engineering, 2012, 39(9): 1053-1061.

[15] Ikuma L. H., Nahmens I., James J. Use of Safety and Lean Integrated Kaizen to Improve Performance in Modular Homebuilding[J]. Journal of Construction Engineering and Management-Asce, 2011, 137 (7): 551-560.

[16] Maas G., van Eekelen B. The Bollard - the lessons learned from an unusual example of off-site construction[J]. Automation in Construction, 2004, 13(1): 37-51.

[17] Jaillon L., Poon C. S. The evolution of prefabricated residential building systems in Hong Kong: A review of the public and the private sector[J]. Automation in Construction, 2009, 18(3): 239-248.

[18] Gibb A., Isack F. Re-engineering through pre-as-sembly: client expectations and drivers[J]. Building Research and Information, 2003, 31(2): 146-160.

[19] Rodriguez D. A., Norrish J., Nicholson A. Robot Programming for Non Repetitive Repair Operations Using Vision Systems[J]. Trends in Welding Research, 2009: 671-675.

[20] Vagliasindi F. Gestire la manutenzione: perché e come. FrancoAngeli: 2003.

[21] Hipkin IB, De Cock C. TPM and BPR: lessons for maintenance management[J]. Omega-International Journal of Management Science, 2000: 288-292.

[22] Becerik-Gerber B., Jazizadeh F., Li N., et al. Application Areas and Data Requirements for BIM-Enabled Facilities Management[J]. Journal of Construction Engineering and Management-Asce, 2012, 138 (3): 431-442.

专业书架

Professional Books

行业报告

《中国建设年鉴 2013》

《中国建设年鉴》编委会 编

《中国建设年鉴》信息资料的汇集做到具有系统性、实用性和代表性，提供权威、严谨的数据和相关资料。本书 2013 卷共分十篇，内容包括重要活动，专论，建设综述，各地建设，法规政策文件，专题与行业报告，数据统计与分析，行业直属单位、社团与部分央企、大事记以及包括会议报道、示范名录和获奖名单等信息的附录内容。

《中国建设年鉴》由住房和城乡建设部组织编纂、中国建筑工业出版社具体负责编辑出版工作。内容综合反映我国建设事业发展与改革年度情况，属于大型文献史料性工具书。2013 卷力求全面记述 2012 年我国房地产业、住房保障、城乡规划、城市建设与市政公用事业、村镇建设、建筑业和建筑节能与科技方面的主要工作，突出新思路、新举措、新特点。

- ●《中国建设年鉴 2010》征订号：19967，定价：300.00 元
- ●《中国建设年鉴 2011》征订号：21984，定价：300.00 元
- ●《中国建设年鉴 2012》征订号：23043，定价：300.00 元
- ●《中国建设年鉴 2013》征订号：24962，定价：300.00 元

《中国建筑业改革与发展研究报告（2013）——转型探索与国际视野》

住房和城乡建设部建筑市场监管司和政策研究中心 编著

住房和城乡建设部建筑市场监管司和政策研究中心组织，围绕"市场紧缩与结构调整"这一主题编写本书，旨在分析市场紧缩的程度、范围和影响，同时全面地分析市场变化状况，总结和探讨行业及企业结构调整的方向和可行措施。

2013 年报告围绕"转型探索与国际视野"这一主题进行编写。全书共 6 章，分别从中国建筑业发展环境、中国建筑业发展状况、加快转型步伐谋求持续发展、建筑业发展面临的机遇和挑战、发展对策建议、国际建筑市场变化六方面进行了详细的阐述。附件给出了 2012～2013 年建筑业最新政策法规概览、江西省人民政府关于加快建筑产业发展的若干意见、陕西省《关于进一步促进我省建筑业发展指导意见的通知》和山西省住房和城乡建设厅关于支持山西省骨干建筑业企业做大做强的实施意见。

征订号：24737，定价：28.00 元，2013 年 10 月出版

《中国建筑节能年度发展研究报告 2014》

清华大学建筑节能研究中心 著

《中国建筑节能年度发展研究报告（2014 中国城市科学研究系列报告）》是第八本中国建筑节能年度发展研究报告。自 2010 年开始，清华大学建

筑节能研究中心每年针对建筑节能的一个领域进行专门的深入分析，至 2013 年的第七本，已经完成了一个循环。所以今年这本报告开始第二次循环。还是从公共建筑开始，到 2017 年，将再完成第二个循环。通过这种方式总结近年来我国建筑节能领域新的变化、新的趋势和新的研究成果，同时也作为一个渠道向社会各界汇报新的体会和心得。

本书将以公共建筑节能作为专篇进行阐述，主要内容包括：第 1 章中国建筑能耗基本现状；第 2 章公共建筑发展趋势及能耗现状；第 3 章公共建筑节能理念思辨；第 4 章公共建筑节能技术辨析；第 5 章公共建筑节能管理；第 6 章最佳案例；以及附录 我国未来能源可能的供应能力。

征订号：25323，定价：60.00 元，2014 年 3 月出版

《2012 年度中国建筑业双百强企业研究报告》

中国建筑业协会 编著

为引导和促进建筑业企业科学发展，树立行业品牌，中国建筑业协会开展了 2012 年度中国建筑业双百强企业评价工作（包括中国建筑业竞争力百强企业评价和中国建筑业成长性百强企业评价）。

《2012 年度中国建筑业双百强企业研究报告》对 2012 年中国建筑业的发展状况进行了全面的描述，对 2012 年度双百强评价工作进行了系统的介绍，并对双百强上榜企业进行了翔实的分析。

征订号：24724，定价：42.00 元，2013 年 10 月出版

《中国建筑业和工程建设管理体制改革蓝皮书》

中国建筑业和工程建设管理体制改革课题组 著

本书在深入分析建筑业的状况，为建筑业改革出现的各种痼疾把脉，找出产生问题的根本原因，对症下药，提出解决方案，为政府管理创新提供理论基础，为高层决策提供参考依据，以期逐步推动、实现建筑业深层次的改革。本书包括：推动建设工程投资体制改革；建立政府投资工程管理体系；改革现行建设工程管理体制；全面推行工程保险和工程担保；大力推进建筑市场信用体系；改革现行工程监理制度；改革质量监督机构；加快工程立法进程，规范工程立法工作；取消工程定额；推动国有企业体制改革。

征订号：24525，2014 年 8 月即将出版

《2012—2013 年度中国城市住宅发展报告》

邓 卫 张 杰 庄惟敏 编著

中国城市住宅发展报告主要以国家统计局、住房和城乡建设部等政府部门发布的权威统计数据为基础进行科学分析，从实证角度反映当年全国城市住宅发展状况，数据翔实、图表丰富、行文简明、语言朴实、表述明了，是从事住宅规划设计和开发建设工作者可参考借鉴的工具书。本书对 2012～2013 年度中国城市住宅开发建设、配置流通等各

领域的实况与动态予以全面、客观的介绍和分析。全书共分 6 章，主要内容包括：2012－2013 年度中国城市住宅发展概况，住房的供需与住房价格情况，重大住房政策对住房市场影响，住宅周地发展情况，以及住宅建筑节能等。

征订号：25290，定价：28.00 元，2014 年 4 月出版

《中国城市规划发展报告 2012—2013》

中国城市科学研究会等编

本书由中国城市科学研究会、中国城市规划协会、中国城市规划学会、中国城市规划设计研究院共同组成的编委会编写而成。2012 年全国城乡规划的主题是"城镇化"和"生态文明"，本书总结归纳了 2012～2013 年度城市规划的发展以及所面临的问题，共分重点篇、盘点篇、焦点篇、实例篇、动态篇、附录等六大部分。

征订号：24123，定价：88.00 元，2013 年 7 月出版

《中国旅游地产发展报告 2013—2014》

中国房地产业协会商业地产专业委员会、
EJU 易居（中国）控股有限公司

伴随着房地产市场快速发展和旅游产业的转型提升，我国旅游地产近几年发展迅速，参与度高。为了及时把握旅游地产市场的发展变化，发现未来行业发展的机遇，中国房地产业协会商业地产专业委员会和 EJU 易居（中国）联合推出了《中国旅游地产发展报告》。《中国旅游地产发展报告

2013—2014》总结分析了 2013 年我国旅游地产市场发展特征、市场表现，并对常见旅游地产类型的发展规律进行了梳理，同时对 2014 年旅游地产发展作了预测，希望能为有志于从事旅游地产开发和发展的同行们提供一些参考。

书中年度数据、项目参数、企业参数为报告编辑小组根据 CRIC 数据系统、市场调查以及相关二手数据等获得数据进行分析得来，旨在持续关注和监测我国旅游地产市场的发展变化，为政府决策、旅游地产开发、机构投资等提供依据及数据支持，促进我国旅游地产市场的持续稳定健康发展。

征订号：25302，定价：68.00，2014 年 3 月出版

城镇化发展

中国工程院重大咨询项目

《中国特色新型城镇化发展战略研究》（共五卷）

徐匡迪　主编

《中国特色新型城镇化发展战略研究》丛书，是中国工程院重大咨询项目"中国特色新型城镇化发展战略研究"的研究成果。

该项目由徐匡迪院士担任项目组长，自 2012 年起，中国工程院、清华大学及中国城市规划设计研究院等单位的 20 多位院

士、100 多位专家从项目涉及的各个领域共同进行了深入的调查研究工作，分设了 8 个课题组和一个综合组，历时 2 年多时间进行了全面、深入的调查研究，取得了一系列丰硕的研究成果，并将此研究成果集结成册，分五卷出版，包含了综合研究成果和 8 个专项课题的研究成果，并收入了项目组向国务院提交的"关于中国特色新型城镇化发展战略的建议"和"对新型城镇化研究中几个问题的答复"等重要内容。

2012 年 6 月，项目组根据阶段研究成果，向党的十八大报告有关起草部门提交了关于"中国特色城镇化发展战略"的建议。2013 年 8 月，国务院总理李克强、常务副总理张高丽及国务院有关部门领导，再次听取了项目组的成果汇报，充分肯定了项目研究成果的重要意义和参考价值。2013 年 11 月 4 日，课题组在光明日报等发表整版消息，刊登了《关于新型城镇化发展战略的建议》。

⏬《中国特色新型城镇化发展战略研究 综合卷》（征订号：24906）

收入项目组向国务院提交的"关于新型城镇化发展战略的建议"（项目综合报告摘要）和"对新型城镇化研究中几个问题的答复"，项目研究的综合报告，以及 8 个专项课题的综合报告。

⏬《中国特色新型城镇化发展战略研究 第一卷》（征订号：24907）

收入《中国城镇化道路的回顾与质量评析研究》、《城镇化发展空间规划与合理布局研究》。

⏬《中国特色新型城镇化发展战略研究 第二卷》（征订号：24908）

收入《城镇化进程中的综合交通运输问题研究》、《城镇化与产业发展互动研究》。

⏬《中国特色新型城镇化发展战略研究 第三卷》（征订号：24909）

收入《城镇化进程中的生态环境保护与生态文明建设研究》、《城镇化进程中的城市文化研究》。

⏬《中国特色新型城镇化发展战略研究 第四卷》（征订号：24910）

收入《城镇化进程中的人口迁移与人的城镇化研究》、《城镇化进程中的公共治理研究》。

《陕西省新型城镇化发展研究与实践》

陕西省住房和城乡建设厅

中央城镇化工作会议指出城镇化是一个自然历史过程，是推进城镇化必须从我国社会主义初级阶段基本国情出发，遵循规律，因势利导，使城镇化成为一个顺势而为、水到渠成的发展过程。

陕西省住房和城乡建设厅组织开展了新型城镇化发展研究，依托省内外专业院校和知名专家，着手研究符合陕西省情的新型城镇化发展道路，并策划编写了汇集 5 个研究报告的《陕西省新型城镇化发展研究与实践》。本书紧密结合了陕西省情和地域特征，系统总结了近年来我省推进城镇化发展的有关做法，提供了大量的工作案例，尤其是陕西经验归纳和发展对策研究，是对新形势下陕西新型城镇化道路的有益探索。

征订号：25583，定价：122.00 元，2014 年 5 月出版

《均衡公平与效率——中国快速城镇化进程中的房地产市场调控模式》

丘 浔 著

本书中涉及的研究基于问题导向、经验导向和理论导向三方面同时入手来探讨我国房地产市场调控的公平与效率之间如何均衡。

从问题导向来看，房地产研究的范围越广宽、所得出的结论越能有助于解决真实存在或潜在的问题。本研究从社会、经济、生态三维度对我国房地产存在的问题深入进行剖析。

从经验导向来看，正如德国铁血宰相卑斯麦所

说的："只有向后看得更深远，才能向前看得更清楚。"本研究力求从我国和先行国家的房地产市场和土地制度的历史经验中汲取智慧，力求从数千年的土地制度演变史中得出有益启迪。

从理论导向来看，只有在渊源和价值观方面的深入理论分析，才会有政策制订和实施步骤上的谨慎。学术界最大的争论在于房地产业是否应由市场配置为主导？本文从影响最为深远的新自由主义理论的固有缺陷进行探讨的同时也对"政府失效"无情地进行剖析，从而指明了我国房地产市场调控政策制订的方向。

本书在以上三方面都保持了均衡，从而得出简明有效的政策建议。

征订号：24213，定价：80.00元，2013年7月出版

《中国城镇化的速度与质量》

王 凯 著

全书分为综合研究报告和专题研究报告两部分内容，综合研究报告对我国城镇化未来发展的速度和趋势进行了预测，对我国城镇化的质量进行了比较系统的梳理，对研究涉及的主要技术支撑体系进行了阐述，是我国城镇化研究从科学角度第一次比较系统的论述。专题报告则针对课题涉及的重点和难点，进行相对系统的研究。

此次经整理出版的专题报告有6个，分别是：人居环境指标体系研究，城市主要基础设施完备性评价研究，城市土地利用变化监测与分析研究，城市空间演化分析及情景模拟研究，基于遥感的城乡建设用地和重大设施要素识别技术研究，以及中国城镇化研究数据库系统开发研究。

征订号：24030，定价：66.00元，2013年9月出版

《新型城镇化与交通发展》

中国城市规划学会城市交通规划学术委员会

本书收录了"2013中国城市交通规划年会暨第27次学术研讨会"入选论文201篇，其中25篇为优秀论文。图书版仅是各篇论文的内容摘要，光盘版则包括了全部论文。内容涉及政策与策略、交通规划、公共交通、绿色交通、交通设计与组织、停车研究、交通枢纽、交通分析与模型等方面，反映了近期我国城市交通规划领域的研究进展和实践总结。

征订号：25115，定价：40.00元，2014年3月出版

BIM 与信息化

《BIM技术——第二次建筑设计革命》

欧阳东 编著

本书是作者近几年在BIM技术应用推广方面的实践和感悟，作者将逐渐形成的具有本土特点的BIM技术解决方案融入书中，其中有方法、案例，也有实践、经验；有问题、思考，也有破解、建议。

全书共 7 章，包括对 BIM 技术的现状、趋势、优势、标准、软件、问题等的分析和总结，对我国建筑设计行业各企业实施 BIM 技术是很好的指导与借鉴。全书图文并茂，突出要点，实操性强，中英文对照，有较强的指导性、参考性、实用性和权威性。

征订号：24168，定价：80.00 元，2013 年 9 月出版

《施工企业 BIM 应用研究（一）》

中国建筑业协会工程建设质量管理分会　编

本书是施工企业基于 BIM 应用研究的成果，主要内容包括：问卷调研结果综述；问卷调研结果统计及分析；企业和地区深度调研结果；BIM 对工程施工的价值和意义分析；对策建议和研究课题等。本书旨在为政府主管部门、行业协会、施工企业以及产品和服务机构在制定相应的 BIM 对策和实施过程中提供一些有价值的参考，以利于在正确理解、有效应用 BIM，全过程、多功能提升 BIM 应用综合绩效，促进我国工程建设行业的技术创新、管理创新的系统整合和提高。

征订号：23263，定价：12.00 元，2013 年 4 月出版

《BIM 技术应用丛书》

对中国工程建设行业的从业人员来说，BIM 已经不再是一个陌生的名词和术语，北京奥运会部分场馆、上海世博会部分场馆以及目前国内在建第一高楼 632 米的上海中心在设计、施工过程中都能在不同程度上看到 BIM 的身影。BIM 给工程建设行业带来的影响和价值将超过目前普遍使用的 CAD，这是发展的趋势。

但是对服务于建设项目不同阶段的不同参与方来说，如何能够把 BIM 和自己的专业职责结合起来，从而提高工作质量和效率？对负责于建设项目全生命周期的业主或开发商来说，如何能够通过集成和协调所有项目参与方的努力和贡献使 BIM 能够帮助提升项目的总体质量和效率？目前都还有待通过进一步的理论研究和工程实践去逐步解决。

该丛书旨在填补这方面资料的缺失，丛书的撰写人员主要来自于政府主管部门、开发商、设计、施工、BIM 咨询服务和软件机构的一线技术负责岗位，都具有丰富的 BIM 实际工程应用经验。相信以这些经验为基础编就的本套丛书能够对其他同行即将开展的 BIM 认识和实践有所参考。本丛书共计五册：

- 《那个叫 BIM 的东西究竟是什么》

  征订号：20128，定价：49 元，2011 年 2 月出版

- 《那个叫 BIM 的东西究竟是什么 2》

  征订号：21606，出版时间：定价：49.00 元，2012 年 1 月

- 《BIM 总论》

  征订号：20469，定价：59 元，2011 年 5 月出版

- 《BIM 第一维度——项目不同阶段的 BIM 应用》

  征订号：21185，定价：50.00 元，2011 年 9 月出版

- 《BIM 第二维度——项目不同参与方的 BIM 应用》

  征订号：21185，定价：50.00 元，2011 年 9 月出版

《建筑工程虚拟施工技术与实践》

周 勇 姜绍杰 郭红领 著

虚拟施工技术和建筑信息模型（BIM）被认为是建筑业发展的方向，将持续改变建筑业的传统思维与工作方式，从而提高建筑业的生产效率。虚拟施工技术是 BIM 的延伸，即将 BIM 与模拟技术集成应用于施工阶段，为施工管理与决策提供支持。

本书结合国家"十一五"科技支撑计划项目"建筑工程虚拟施工技术模拟机理研究与应用"的研究成果，对我国建筑工程虚拟施工模拟原理及应用研究成果进行了总结与拓展，以期为我国建筑业大力推广虚拟施工技术提供参考，加快虚拟施工技术在我国建筑工程项目中的应用进程，进一步提高虚拟施工技术的应用效益，有效地控制建筑项目的质量、工期、成本、环境和安全问题。

本书既对虚拟施工技术理论进行了深入、系统地剖析，还结合现有软件平台进行了虚拟施工技术主要功能定制、开发与应用，并总结了香港将军澳体育场和香港屯门警察宿舍两个项目的应用与实施经验，提供了这两个项目在三维模型建立、设计检测分析、施工模拟分析、知识管理等方面的具体应用数据。

征订号：23359，定价：35.00 元，2013 年 6 月出版

《项目规划和控制 Oracle® Primavera® P6 应用——版本 8.1, 8.2 & 8.3 专业 & 可选客户端》

（澳）保罗·哈里斯（Paul E. Harris）著

该书是一本提供给项目管理专业人士的用户指南和培训手册，为其学习在已建立的 Primavera 企业环境下，如何规划和控制项目提供指导。本书对想在短时间内掌握软件操作中级知识的人来说是最理想的。本书可以教授任意行业的规划和进度计划工作人员如何在项目环境下建立和使用此软件，用通俗的语言和逻辑的顺序解释了创建和维持一个有资源和无资源的进度表的步骤。该书英文版被很多企业和咨询机构用作培训用书。

该书由长期使用这款软件处理大型复杂项目的资深项目规划和进度师所著，来自于作者多年来在不同行业使用这款软件的广泛实际经验，提供了真实的日常工作中所遇到的规划和进度计划问题的解决方案、建议。

征订号：24722，定价 65.00 元，2014 年 1 月出版

工 程 管 理

建设项目风险管理

孙成双等

本书以建设项目风险管理的过程为主线，详细阐述了风险和项目风险的基本内涵、项目风险管理

框架体系及项目风险管理的客观规律，结合数理统计方法，提出并建立了项目风险管理的系统方法，提供了操作性较强的对策方法和途径。同时结合项目风险管理实践案例，描述了项目风险管理各阶段的实施方法和技术，使读者了解并掌握先进的项目风险管理措施。

征订号：24014，定价：45.00 元，2013 年 7 月出版

《工程咨询方法与实践》

上海同济工程咨询有限公司　组织编写

主编　杨卫东　翁晓红　敖永杰

本书由上海同济工程咨询有限公司组织编著，汇聚了公司各业务部门的共同力量和工作成果，总结了公司多年工程咨询实践经验，以期与广大同行共同分享工程咨询行业的发展成果，共同推进我国工程咨询行业的健康、可持续发展。

本书以工程咨询服务产品为主线，注重理论与实践相结合，以案例的形式系统地介绍了投资机会研究、可行性研究、项目申请报告、资金申请报告、项目前期策划、评估咨询、环境影响评价、设计管理、合同管理、投资与造价控制、工程监理与项目代建、工程项目信息管理等方面的服务程序、内容、方法和措施，具有较强的系统性、知识性、实践性和可操作性。在每一章都列举了相应的工程咨询案例，可作为从事工程咨询工作人员以及相关专业人士学习、应用和研究的参考书。

征订号：25446，2014 年 8 月出版

《EPC 工程总承包项目管理模板及操作实例》

杨俊杰等　主编

本书以《设计采购施工（EPC）/交钥匙工程合同条件》为根基，完整地反映 EPC 工程项目总承包的面貌和全过程，使工程业界的决策层、管理者、实施操作者及其一般工程管理人员掌握其要点、精髓和核心。以模板的方式、方法，对该模式进行题解，或表述、或示例、或简析、或说明，使工程总承包项目的操作层及管理者，便于对 EPC/T 的认知、理解和得心应手的操作和管理。以列举量大面广、具有专业的多样性、地域的区别性的国内外实例，展示 EPC 工程总承包模式的理论正确性、实践可操作性。本书还以欧美日标杆式的跨国公司在 EPC 工程项目总承包中组织实施的模式为例，学习其先进的管理理论理念、管理技术及工具和合同格式及其行为准则，大力提升工程项目总承包水平，开拓发展创新我国 EPC 工程总承包的新局面。希望本书能起到开阔眼界、取长补短、举一反三的示范作用，以供建设工程项目管理人员和相关领域研究者参考借鉴。

征订号：25543，定价：90.00 元，2014 年 8 月出版

《海外燥热地区项目价值工程和关键施工技术》

王力尚　肖绪文　编著

本书主要介绍在中东燥热地区项目施工新技术，总结了大量建筑结构、基础、装饰工程的成功案例，介绍了在该地区如何利用传统的施工技术进行顺利实施工程，为中国建筑企业走出去提供帮

助，提高我国对外承包工程施工技术和管理水平。书中主要内容包括价值工程篇、混凝土篇、支撑工程篇、地基基础篇、围护结构篇和钢结构篇，各篇通过项目实例，根据工程特点和难点，采用先进的工艺方法，创新思路，克服燥热地区施工中的困难，所有项目都获得了成功。本书可供建筑行业技术和管理人员参考，也可作为高等院校相关专业的教学参考资料。

征订号：25892，2014 年 8 月即将出版

《建设工程优秀项目管理实例精选》系列图书

为提升项目管理理论研究和实践应用创新水平，加快建筑业生产方式的转变，系统总结近年来

建筑施工企业在开展工程项目管理工作中的新经验、新方法和新举措，北京市建筑业联合会建造师分会组织编写《建设工程优秀项目管理实例精选系列》，每年出版一册，精选年度最新建设工程优秀项目管理实例，内容涵盖大型住宅项目、基础设施项目、商业综合体、轨道交通工程等众多大型、重点建设项目，总结发布项目管理实践经验及创新做法。书中实例充分展示了企业项目管理的技术含量和施工管理水平，对提升建筑企业工程项目管理水平起到了重要的推动作用。

《建设工程优秀项目管理实例精选 2012》征订号：22741

《建设工程优秀项目管理实例精选 2013》征订号：24618

《建设工程优秀项目管理实例精选 2014》征订号：24618

《新建本科院校工程管理专业与注册工程师执业资格标准相衔接的人才培养模式的研究与实践》

殷惠光　姜　慧　著

新建本科院校是一个特定的高校群体概念，特指从 1999 年起升格的"新"本科院校，是自我国高校

扩招和布局结构调整以来，通过合并升格、独立升格、转制升格和（独立学院）转设，经教育部批准建立的具有全日制本科招生资格的一批普通本科高校。

本书系统阐述了新建本科院校工程管理专业与注册工程师执业资格标准相衔接的人才培养模式的有关理论和实践探索。主要内容包括：国内外工程管理专业教育发展概况，国内建筑业发展及工程管理人才需求，新建本科院校人才培养模式存在的问题及建议，与注册工程师执业资格标准相衔接的工程管理专业人才培养模式构建，工程管理专业课程体系及实践教学体系构建，与注册工程师执业资格标准相衔接的工程管理人才培养模式改革与实践等。

征订号：25042，定价 40.00 元，2013 年 12 月出版

企 业 管 理

《中国建筑管理丛书》

中国建筑工程总公司编著

本丛书是世界百强企业之一中国建筑工程总公

司编著的企业管理丛书。作为我国建筑行业的排头兵，作为国务院国资委管理的中央企业，中国建筑深知自己所肩负的社会责任，愿意把中建人用智慧和汗水换来的宝贵经验与广大的建筑企业管理人员分享，以引领行业的发展。

本丛书所涉及的许多管理内容，多是中建公司的核心机密，也是他们的核心竞争力，许多内容都是中建总公司的管理创新理论，通过企业的自身实践而形成的管理经验，对于中国建筑企业是一个难得的学习和借鉴，是以往出版的建筑企业管理图书中所没有的。例如，在《项目管理卷》中，关于企业集团采购的管理、项目的创新管理；《法律实务卷》中关于劳务合同的管理，特别在境外承包工程中的合同管理；《纪检监察卷》中关于如何纪检监察如何为企业发展保驾护航，杜绝腐败和保护国有资产不被流失的理论和经验都是前所未有。这套管理丛书，出自中国最大建筑施工企业管理一线的人员之手，既有相当的理论高度，又有丰富的实践指导意义，是一部难得的建筑企业管理的范本。

丛书包括《项目管理卷》、《法律实务卷》、《投资管理卷》、《纪检监察卷》、《科技管理卷》。

● 《项目管理卷》

该卷将中国建筑项目管理论坛的主要成果精心整理，汇编成册，奉献给中国建筑业，期望中国建筑业能够不断地科学发展，建筑企业不断增强项目管理能力和国际竞争力，实现从建筑大国到建筑强国的伟大进步！本书凝结了中建人 50 多年的管理智慧和经验，很多内容是中建公司的管理核心机密，无私奉献出来的宝贵经验，值得建筑从业人员学习借鉴参考和使用。

征订号：24764，定价：58.00 元，2014 年 1 月出版

● 《法律实务卷》

本书是对中国建筑工程总公司法律管理经验成果的系统总结，很多内容都是他们的创新，针对我国建筑企业目前面对的法律现状，结合"中建"法律实践，将"中建"多年来的建筑法律实践的成果，包括工程承包法律实务、融投资建造（政府还款）业务、EPC 工程总承包管理模式、城市综合建设业务和国际工程承包法律风险管理等内容，具有较强的操作性和实务性，对中国建筑企业依法办事，依法兴企，依法发展提供重要的学习和借鉴途径，对中国广大的建筑企业管理者，企业的法律管理者和工作者有着极好的参考价值，同时也对从事建筑司法实践的法官、律师等法律工作者有所裨益。

征订号：24774，定价：78.00 元，2014 年 4 月出版

● 《纪检监察卷》

本书是中建总公司在纪检监察领域的创新成果。中建围绕着大型国企的纪检监察工作，在新形势下如何做好纪检监察工作，为企业的发展保驾护航，走出了一条崭新的发展思路和成功经验，既有相当高的理论水平，又有丰富的实践经验，填补了我国建筑企业管理的空白，对于建筑企业纪检监察工作具有非常宝贵的借鉴意义。

征订号：25586，定价：65.00 元，2014 年 8 月出版

《国际承包工程企业管理与信息化应用分析》

中国对外承包工程商会

本书是中国对外承包工程商会开展的"国际承包工程企业管理与信息化应用分析"研究课题的成

果，本课题主要选取 ENR 全球最大 225 家国际承包商作为研究对象，通过结合文献资料研究和比较分析、案例分析、专家研讨和调查问卷分析等方式，对中国对外承包工程企业海外信息化建设提出指导建议。

全书由六部分组成，分别是国际承包工程市场宏观分析、国际承包工程企业管理现状分析、国际承包工程企业信息化现状分析、国际承包工程企业信息化发展趋势、中国对外承包工程企业信息化建议路径、国际承包工程企业信息化案例分析。

征订号：25012，定价：35 元，2014 年 4 月出版

《大型国有建筑企业改革与发展研究》

李里丁

本书分为两部分内容，第一部分介绍了大型国有建筑企业从政府管理部门转变为独立的市场主体的改革发展历程，对国有建筑企业建立现代企业制

度和做大做强进行了较为系统的介绍，着重阐述了建筑业新时期转型发展的问题，全文着眼于企业生产关系的变革、影响企业发展的经营战略的探索以及与国家经济改革相呼应的同步发展，从实践和理论上探析和总结了不同时期建筑施工企业发展规律和改革创新的研究成果，文中的一系列理论观点和实际做法，包括对各时期形势的分析，对改革发展提出的策略，都很有见地。第二部分是作者多年从事建筑企业经营管理的论文选辑，它代表了不同时期对建筑业发展变化的一些看法和观点，本书是一部理论与实践相结合的生动文稿。

征订号：24738，定价：50.00，2013 年 10 月出版

工程法律

《"工程与法"系列丛书》又添新作

《项目经理的法律课堂——工程项目法律风险防控操作指引》

胡玉芳 王志强 著

本书是《"工程与法"系列丛书》中的一本，是目前市场鲜有的工程项目管理人员实用法律手册。本书注重理论与实践相结合，从工程项目经理的视角出发，分三个方面（项目行政管理，项目工程管理，项目账务管理）对工程建设项目施工过程

中项目经理容易忽视的法律风险结合实际典型案例进行了深入浅出的讲解，并从法律的角度给出了切实可行的规避方法。内容涵盖施工管理过程中容易发生法律纠纷的热点问题，如：劳动用工，安全生产，工期纠纷，工程质量，材料采购和分包管理，签证索赔，工程款的回收等。并在每章节后附有相关常用的法律规范文本，方便读者对照使用。本书后附最新的建筑工程必读法律法规条款，便于读者查阅。

征订号：24784，定价45.00 元，2014 年 1 月出版

《开发商的法律课堂》

王劲松 杨 林 胡玉芳 李兰兰编著

从开发商的角度出发，以开发商在整个房地产开发流程中各阶段的角色为落脚点，结合最新的法律、法规、司法解释、审判实践中经典案例及多

年的律师从业经验，自开发商取得房地产项目开始，直至最后完成项目租售，分阶段、分重点地标识开发商所面临的法律风险，并有针对性地结合经典案例，全面细致地阐述开发商在各阶段如何应对相应的法律风险。

本书在体例编写上主要以房地产开发流程为主线，分为四个部分，分别为项目取得、房地产融资、项目开发建设、项目租售。开发商不同于房地产开发过程中的其他主体，在整个房地产开发过程中需要面对行政机关、投融资机构、小业主和其他市场主体在内的各种主体，在不同阶段甚至是同一阶段面临不同主体时所面临的法律问题和法律风险亦是差别巨大，作为重资产行业，每一个细节都不容有失。本书旨在全过程全方位地指导开发商把控风险，同时本书的各部分均附有开发商常用的协议文书样本，方便开发商在处理事务的过程中直接参照使用。

即将出版。

《工程建设·规划设计·房地产业合同争议案件判决及评注》

王早生　朱宇玉　编著

建设领域的合同纠纷专业性很强，往往涉及大量专业术语，有的还要进行工程质量鉴定、工程造价鉴定等，非专业人士难以把握问题症结，导致纠纷解决周期很长，耗费大量时间和精力。

本书精选 29 个颇具代表性的合同争议案件，涵盖工程建设、规划设计和房地产开发三大方面，从专家角度深入剖析，揭示案件胜、败诉要点，在评注中，笔者不是简单地评判法院判决的对错，而是通过判例，试图揭示对胜诉方和败诉方都有参考和借鉴意义的要点。前车之鉴，不可不察！通过借鉴案例，提醒相关企业在签订合同和履行合同中，考

虑各种要素和关键环节，举一反三，防范和规避风险，避免在同一地方跌跤。

征订号：25448，定价：42.00 元，2014 年 8 月出版

《新版建设工程合同(示范文本)解读大全》

张正勤　编著

在工程法律实践中，很多纠纷都与合同的签订及履行相关。本书以专业律师的视角，逐一对现行

建设工程合同示范文本的条款进行全方位解读，并从实践角度出发，对读者签订及履行合同中需要注意的问题提出了中肯的建议和提醒。此外，本书在各合同示范文本后，结合实践需要，均给出了相应

的建议合同，可供读者直接参考使用。本书主要包括以下合同文本：《建设工程勘察合同（示范文本）》GF-2000-0203、《建设工程设计合同（示范文本）》GF-2000-0209、《建设工程施工合同（示范文本）》GF-2013-0201、《建设工程施工专业分包合同（示范文本）》GF-2003-0213、《建设工程施工劳务分包合同（示范文本）》GF-2003-0214、《建设工程监理合同（示范文本）》GF-2012-0202、《建设工程造价咨询合同（示范文本）》GF-2002-0212、《建设工程招标代理合同示范文本》GF-2005-0215、《建设项目工程总承包合同示范文本（试行）》GF-2011-0216。

本书的特点是：

- 针对合同示范文本，有的放矢。
- 专业律师视角，权威实用。
- 对照原文，逐条解读，便于查找。
- 标注相关法条原文，可对照使用。
- 专业律师推荐合同，可直接选用。

征订号：24742，定价 98.00 元，2013 年 11

月出版

《〈建设工程施工合同(示范文本)〉新旧对照·解读·应用》

张正勤　编著

该书由张正勤律师编著，全书首先将 2013 版示范文本与 1999 版相应条款进行对比，将 2013 版相对 1999 版新增、删除、变化的内容以表格形式予以表达，使读者清楚两者相应条款的变化。全书此类对比性的表格多达 150 余张。在此前提下，对 2013 版条款进行详细解读和说明，并结合实务，就其在具体运用中可能造成的疏漏提出一名专业律师的建议和提醒。

征订号：24834，定价：75.00 元，2014 年 3 月出版

《城乡建设法规及案例分析》

李志生　主编

本书根据社会经济发展的趋势和国家最新的建设政策与法律法规情况，结合土木工程类、建筑规划类、市政建设类本科专业的建设法规课程教学大纲编写。全书内容包括正文 12 章和附录 1—6，内容取舍具有针对性，工程案例丰富，语言通俗易懂，注重理论与实践的结合。

本书主要介绍了我国现行的城乡建设法律法规的实施与应用，包括绪论、城乡工程建设程序法规、城乡建设规划法规、城乡建设工程招投标法规、城乡建设工程勘察设计法规、工程建设施工与监理法规、工程建设安全生产法规、建设工程质量法规、建设工程合同法规、房地产管理法规、城乡建设其他（土地、环保、市政等）法规、工程建设执业资格法规等。每章附有案例分析、思考题和习题，以方便教师教学和帮助读者巩固所学知识。

征订号：25014，定价 46.00 元，2014 年 5 月出版

房地产开发与经营

《房地产开发项目投资管理手册》

吴增胜　编著

本书以严谨的知识体系创建了房地产开发投资各管理环节所需要的数据决策模型，系统地总结、剖析了房地产开发项目在经营、投资与筹资三大活动中的客观规律与实战技术，为房地产开发项目的从业者、建设项目的管理者提供了一本极为实用的工具书。

全书共包括八个模块，分别为：投资环境分析与投资机会研究、城市用地规划与方案的快速构思、房地产开发的生命周期与时间管理、房地产的经营业务与房地产的估价、房地产开发的支出与税费、建设工程的造价指标与工料价格、房地产开发的现金流量与融资、建设项目的财务评价与决策分析，全面揭示了房地产开发项目投资管理的操作规律，为房地产开发项目或建设项目的从业者提供了实用借鉴。

征订号：24280，定价：128.00，2013 年 11 月出版

《商业地产主力店选址标准及场所建筑要求》

陈倍麟　编著

商业地产最大的难点是招商难，面对日渐竞争

激烈的商业市场，商业地产开发商在招商过程中要学会挑选主力店家。而开发商由于对目标店家分类

不清晰、建筑物业功能与经营功能错位导致选错商家；对目标店家经营选址要求不清晰、不符合商家需求，影响招商的实施；对目标店家场所建筑要求不清晰、建筑配套不完善，影响客流导入。

本书根据商业地产发展的最新动向，重新界定了商业地产的 20 类业态，分门别类地介绍了每种业态的选址标准以及建筑要求；涵盖 20 类商业业态共 170 家主力店的商业覆盖范围、店铺总数、拓展计划等方面的最新数据，以图表的形式详细地列出每家主力店在选址、建筑、配套等方面的基本要求。

本书罗列的基本信息与数据，既可作为商业地产的研究样本，也可作为商业地产招商加盟的操作指南。从行业价值的角度看，本书为商业地产行业提供了最全的商业业态分类与最新的主力店进驻基本信息；从实用价值的角度来看，本书为开发商的招商提供了快速检索信息的功能，可供广大商业地产开发、经营与管理人员学习和参考。

征订号：24576，定价：128.00 ，2013 年 10 月出版

《万达如何做商业地产》

赢盛中国商业地产研究中心

商业地产由于受政策影响较小，市场需求不断增长，开发热度不断升高。由于市场的发展，商业地产面临着全新的开发机遇。在商业地产的发展浪潮中，标杆企业万达一直是行业研究的样本。2012 年宏观政策压力下，为什么万达全年销售额轻松破千亿元？在中国商业地产高速增长态势洪流下，地产企业如何管理专业优势？商业地产全盘精细化管理"精细"在何处？商业地产全盘应该如何遵循客

观规律？

本书以万达的发展历程为主要线索，从万达的产品发展、盈利模式演变、成熟产品的建造特点、商业项目的招商等方面，讲述了万达如何成为商业地产的龙头企业，揭示了商业地产在不同时期面临的发展机遇，以及在新的时代商业地产的发展趋势如何。本书可供广大的商业地产从业人员学习、参考。

征订号：24576，定价：68.00，2013 年 10 月出版

《保障性住房卫生间标准化设计和部品体系集成》

住房和城乡建设部住宅产业化促进中心

目前保障性住房卫生间普遍存在空间利用效率较低、规格尺寸偏多、设备管线设置不合理等问

题，严重影响了保障性住房产业化的推进。本书系统分析我国保障性住房卫生间的发展概况及存在的问题，在卫生间设计要点的基础上，重点结合保障性住房小户型的特点，主要介绍了卫生间标准化设计理论及九个标准化规格的卫生间设计户型。书中对具体配置组合、管线集成、平面布局方法等均有介绍，并提供大样图，对标准化卫生间的部品集成与安装验收技术、管线集成和整体卫生间解决方案等进行了深入研究，非常有助于设计和施工实践，为各地的探索与实践提供一些可供借鉴的参考，推动保障性住房卫生间的标准化、模数化发展。

本书由住房和城乡建设部住宅产业化促进中心牵头组织，深圳人居委、济南住宅产业化中心、北京市建筑设计研究院、清华大学等 15 家机构参与

编写，专业权威，资料丰富，图文并茂，生动具体。可供保障性住房政府管理人员以及房地产从业人员阅读参考。

征订号：24723，定价：35.00，2013年10月出版

《2013中国房地产投资
收益率分析报告》

中国房地产估价师与房地产经纪人学会

房地产投资收益率在房地产投资决策、房地产项目评价中非常重要，它是反映房地产投资收益能力的主要指标之一，其高低反映了房地产投资风险

的大小，从而可以推断该项投资的收益水平或可行性。本报告由中国房地产估价师与房地产经纪人学会，在中国工商银行、中国农业银行、中国建设银行等的数据帮助下，通过30余家房地产估价机构对北京、上海、深圳等31个城市的房地产投资收益率进行了调查，最终形成该报告。报告得出上述城市典型区域的住宅、商业、办公三种不同类型房地产的历史及预期投资收益率，适用于房地产估价行业、银行评估人员、投资公司等专业人士阅读参考。

征订号：24541，定价：45.00，2013年10月出版